用 Flutter
极速构建原生应用

·张益珲 著·

清华大学出版社
北京

内 容 简 介

本书从入门到实践对谷歌移动 UI 框架 Flutter 应用进行了全面的介绍。本书从逻辑上可以分为四部分。第一部分（第 1~3 章）从开发环境的搭建入手，主要介绍 Dart 语言基础与高级应用，从基础语法到函数、泛型、异步编程、模块使用等高级内容。第二部分（第 4、5 章）主要介绍 Flutter 的核心组件，除了介绍开发 Flutter 应用必备的图片、文本、图标、按钮等基础组件外，还详细介绍了表单组件、布局技术、交互组件、组件的绘制与修饰、可滚动组件等高级内容。第三部分（第 6、7 章）重点介绍了 Flutter 的动画与手势、网络技术及数据解析等内容。第四部分（第 8~10 章）主要演示了两个完整案例的开发过程，包括新闻客户端的开发和游戏开发，此外，还介绍了如何将 Flutter 应用于 iOS、Android 项目及 Web 应用程序，旨在帮助读者将 Flutter 快速应用于自己的实际项目。

为使读者高效地掌握本书内容，本书作者还特别录制了 Dark 语言的教学视频，并提供了完整示例的源代码，读者可从本书提供的网站自行下载使用。

本书实例丰富，注重应用，适合移动开发人员、对跨平台感兴趣的大学生和培训机构的学员使用。

本书封面贴有清华大学出版社防伪标签，无标签者不得销售。
版权所有，侵权必究。侵权举报电话：010-62782989 13701121933

图书在版编目（CIP）数据

用 Flutter 极速构建原生应用/张益珲著. —北京：清华大学出版社，2019.10
 ISBN 978-7-302-53904-9

Ⅰ. ①用… Ⅱ. ①张… Ⅲ. ①移动终端－应用程序－程序设计 Ⅳ. ①TN929.53

中国版本图书馆 CIP 数据核字（2019）第 209672 号

责任编辑：王金柱
封面设计：王 翔
责任校对：闫秀华
责任印制：沈 露

出版发行：清华大学出版社
网　　址：http://www.tup.com.cn，http://www.wqbook.com
地　　址：北京清华大学学研大厦 A 座　　　　邮　　编：100084
社 总 机：010-62770175　　　　　　　　　　邮　　购：010-62786544
投稿与读者服务：010-62776969，c-service@tup.tsinghua.edu.cn
质 量 反 馈：010-62772015，zhiliang@tup.tsinghua.edu.cn

印 装 者：清华大学印刷厂
经　　销：全国新华书店
开　　本：190mm×260mm　　　　印　　张：18.25　　　　字　　数：467 千字
版　　次：2019 年 11 月第 1 版　　　　　　　印　　次：2019 年 11 月第 1 次印刷
定　　价：69.00 元

产品编号：082465-01

前　言

随着移动端开发技术越来越成熟，近些年，工程师们除了致力于解决工程需求外，更多地将精力放在如何更大程度地提高移动端应用的开发效率。开发移动端应用有一个非常令人困扰的问题是平台不统一，对于主流的 iOS 与 Android 平台，开发其应用使用不同的编程语言和不同的开发框架使得开发周期和成本都提高。Flutter 框架就是为处理应用跨平台问题提供的一种解决方案。

在 Flutter 之前，已经有许多问世的跨平台应用开发框架，例如 PhoneGap 框架与 React Native 框架，其中有些是基于 Web 与原生的交互实现跨平台，有些是基于 JavaScript 引擎渲染原生页面实现跨平台，Flutter 则是跨过原生层，直接向 GPU 提供视图数据进行页面的渲染，相比其他框架，Flutter 能表现出更好的性能。

对于开发者 Flutter 框架表现得非常友好，首先其拥有快速开发的特点，Flutter 的热重载机制可以更快地进行 UI 的构建和测试，添加功能和修改错误都可以瞬间得到反馈，这是纯原生开发无法企及的。Flutter 框架中提供了丰富的 UI 组件，包括标签、按钮、滚动视图与列表视图等。使用这些组件可以快速地进行页面的构建，并且可以在各个平台上保持一致的体验。在代码编写方面，Flutter 选择 Dart 作为应用开发语言，其语法简洁，拥有许多现代化编程语言的特性。同时，Flutter 提供了与原生 API 交互的能力，基本可以实现实际应用的所有需求。

本书结构

本书分为 10 个章节对 Flutter 应用开发进行全面的讲解。

第 1 章为入门章节，主要介绍 Flutter 框架的历史、发展过程以及应用场景，并且在这一章中将帮助读者配置开发 Flutter 应用程序必备的开发环境。

第 2 章和第 3 章将介绍 Flutter 应用开发的语言基础，主要介绍 Dart 语言的语法，帮助读者更快地掌握开发 Flutter 必备的语言技能，使读者可以无障碍地进行后续内容的学习。

第 4 章和第 5 章着重介绍 Flutter 框架中 UI 组件的应用，第 4 章介绍基础组件的应用，第 5 章介绍高级组件的应用。一款完整的应用程序是由多个页面组合而成的，页面又是由各种组件组合而成的，Flutter 框架中默认提供了非常丰富的组件供开发者使用，并且可以通过插件的方式扩展使用其他第三方组件，如果依然无法满足需求，那么可以通过自定义组件的方式定制需要使用的组件。通过这两章的学习，读者可以自主开发简单的独立页面。

第 6 章将介绍 Flutter 中动画与手势的相关技术，Flutter 是一个优秀的 UI 跨平台框架，动画是 UI 开发中非常重要的一部分，炫酷的动画可以给用户带来眼前一亮的快感。通过 Flutter 的手势系统可以定制出各种复杂情境下的交互逻辑。通过本章的学习，读者将会对 UI 开发更加得心应手。

第 7 章介绍 Flutter 中的网络与数据相关技术，网络是现代应用程序必备的功能，网络为应用程序提供必要的内容数据，通过使用插件在 Flutter 中可以方便地对网络数据进行解析，将解析的数据渲染到页面上,即可完成一个完整 Flutter 页面的开发。

第 8 章和第 9 章将安排两个完整的 Flutter 应用程序供读者练习,通过实战练习综合应用前面所学习的知识,帮助读者更快、更牢固地掌握所学到的内容。第 8 章将通过一个新闻客户端项目帮助读者更好地掌握网络请求、数据解析、页面渲染等方面的知识。第 9 章将安排一个小游戏,通过游戏的开发深入理解 Flutter 动画框架的应用。通过这两章的练习,读者将拥有独立开发一款完整 Flutter 应用的能力。

第 10 章介绍了如何将 Flutter 快速应用于 iOS、Android 项目和 Web 应用程序。

视频教学与源码下载

本书提供了完整的源代码供读者在学习过程中进行参考,并提供了一套 Dart 语言极速入门的视频课程,读者在学习本书的同时可以参考这些资料。

扫描以下二维码可以下载本书教学视频: 扫描以下二维码可以下载本书源代码:

如果你在下载过程中遇到问题,请发送邮件至 booksaga@126.com,邮件主题是"用 Flutter 极速构建原生应用"。

致谢

感谢你选择本书作为学习 Flutter 应用开发的入门教程,衷心希望本书可以带给你预期的收获,帮助你掌握新技术,更具行业竞争力。本书能够出版还要感谢清华大学出版社的王金柱编辑,在本书写作的过程中,王金柱编辑提供了非常多有价值的建议与资料,并且对本书中的内容进行了严格的校对,没有他的付出,本书无法顺利地到达读者的手上。

目前,Flutter 框架依然在飞速地完善和更新中,本书是作者学习和开发经验的总结,限于水平和时间,本书肯定存在理解不当的地方,欢迎读者朋友和业界专家批评指正。

张益珲
2019 年 8 月 18 日

目　　录

第 1 章　Flutter 开发环境搭建 1

　1.1　认识 Flutter 1
　　1.1.1　Flutter 的前世今生与应用场景 2
　　1.1.2　安装 Flutter 开发框架 2
　1.2　配置 iOS 开发环境 3
　　1.2.1　进行 AppID 的申请 4
　　1.2.2　获取 Xcode 开发工具 4
　1.3　配置 Android 开发环境 5
　　1.3.1　获取 Android Studio 开发工具 5
　　1.3.2　为 Android Studio 添加 Flutter 插件 7
　1.4　你的第一个 Flutter 应用 9

第 2 章　Dart 语言基础 12

　2.1　Dart 开发环境搭建 13
　　2.1.1　安装 Dart SDK 13
　　2.1.2　配置 Dart 编辑器 14
　2.2　Dart 中的变量 17
　　2.2.1　使用变量 17
　　2.2.2　不可变变量 18
　2.3　Dart 中的内置数据类型 18
　　2.3.1　数值类型 18
　　2.3.2　字符串类型 21
　　2.3.3　布尔类型 23
　　2.3.4　列表类型 23
　　2.3.5　字典类型 25
　2.4　Dart 中的运算符 26
　　2.4.1　算数运算符 27
　　2.4.2　比较运算符 28
　　2.4.3　类型运算符 28
　　2.4.4　复合运算符 29
　　2.4.5　逻辑运算符 29

- 2.4.6 位运算符 30
- 2.4.7 条件运算符 31
- 2.4.8 级联运算符 32
- 2.4.9 点运算符 33
- 2.5 Dart 中的流程控制语句 33
  - 2.5.1 条件分支语句 33
  - 2.5.2 循环语句 35
  - 2.5.3 中断语句 36
  - 2.5.4 多分支选择语句 37
  - 2.5.5 异常处理 39

第 3 章 Dart 高级进阶 42

- 3.1 使用函数 43
  - 3.1.1 关于 main 函数 43
  - 3.1.2 自定义函数 43
  - 3.1.3 定义可选参数的函数 45
  - 3.1.4 函数可选参数的默认值 46
  - 3.1.5 匿名函数 47
  - 3.1.6 词法作用域 47
  - 3.1.7 关于闭包 48
- 3.2 Dart 中的类 49
  - 3.2.1 自定义类与构造方法 49
  - 3.2.2 实例方法 51
  - 3.2.3 抽象类与抽象方法 53
  - 3.2.4 类的继承 54
  - 3.2.5 运算符重载 55
  - 3.2.6 noSuchMethod 方法 56
  - 3.2.7 枚举类型 57
  - 3.2.8 扩展类的功能——Mixin 特性 58
  - 3.2.9 类属性与类方法 61
- 3.3 泛型 61
  - 3.3.1 使用泛型 62
  - 3.3.2 约束泛型与泛型函数 63
- 3.4 异步编程技术 64
  - 3.4.1 async 与 await 关键字 64
  - 3.4.2 异步与回调 65
  - 3.4.3 使用 Future 对象 66
- 3.5 模块的使用 67
  - 3.5.1 模块的应用 67

| 3.5.2   模块命名 68
| 3.6   可调用类与注释 69
| 3.6.1   可调用类 69
| 3.6.2   关于注释 69

第4章   Flutter 基础组件 71

4.1   Image 图片组件的应用 71
      4.1.1   图片资源的加载 72
      4.1.2   Image 组件的属性配置 73
      4.1.3   关于 Alignment 对象 75
      4.1.4   关于 BoxFit 对象 75
      4.1.5   关于 ImageRepeat 对象 76
4.2   Text 文本组件的应用 76
      4.2.1   使用 Text 组件 76
      4.2.2   自定义文本风格 77
4.3   Icon 图标组件的应用 78
      4.3.1   使用 Icon 组件 79
      4.3.2   Flutter 内置的 Icon 样式 79
4.4   按钮相关组件的应用 80
      4.4.1   按钮组件的基类 MaterialButton 81
      4.4.2   RaisedButton 的应用 81
      4.4.3   FlatButton 的应用 81
      4.4.4   下拉选择按钮 DropdownButton 组件的应用 82
      4.4.5   悬浮按钮组件的应用 84
      4.4.6   图标按钮 IconButton 组件的应用 85
4.5   界面脚手架 Scaffold 组件 86
      4.5.1   Scaffold 组件概览 86
      4.5.2   Scaffold 属性使用示例 86
      4.5.3   AppBar 组件的应用 87
      4.5.4   使用 ButtomNavigationBar 组件 88
4.6   FlutterLogo 组件的应用 90
4.7   Placeholder 占位符组件的应用 91
4.8   单组件布局容器组件的应用 91
      4.8.1   Container 容器组件 91
      4.8.2   Padding 容器组件 95
      4.8.3   Center 容器组件 95
      4.8.4   Align 容器组件 96
      4.8.5   FittedBox 容器组件 97
      4.8.6   AspectRatio 容器组件 97

4.8.7　ConstrainedBox 容器组件 98
　　4.8.8　IntrinsicHeight 与 IntrinsicWidth 容器 98
　　4.8.9　LimitedBox 容器 99
　　4.8.10　Offstage 容器 99
　　4.8.11　OverflowBox 容器 99
　　4.8.12　SizeBox 容器 100
　　4.8.13　Transform 容器组件 100
4.9　多组件布局容器组件的应用 101
　　4.9.1　Row 容器组件 101
　　4.9.2　Column 容器组件 102
　　4.9.3　Flex 与 Expanded 组件 103
　　4.9.4　Stack 与 Positioned 容器组件 104
　　4.9.5　IndexedStack 容器组件 105
　　4.9.6　Wrap 容器组件 106
　　4.9.7　更多内容可滚动的布局容器 107

第 5 章　Flutter 组件进阶 108

5.1　表单组件的应用 108
　　5.1.1　关于表单容器 108
　　5.1.2　TextFormField 详解 109
　　5.1.3　关于 InputDecoration 类 112
　　5.1.4　下拉选择框 DropdownButtonFormField 组件的应用 113
　　5.1.5　RawKeyboardListener 自定义组件接收键盘事件 113
5.2　Flutter 布局技术 114
　　5.2.1　再看 Container 容器组件 114
　　5.2.2　Padding 布局 116
　　5.2.3　Center 布局 117
　　5.2.4　FittedBox 布局 118
　　5.2.5　ConstrainedBox 布局 118
　　5.2.6　抽屉布局 119
5.3　高级用户交互组件 120
　　5.3.1　复选按钮 Checkbox 组件 120
　　5.3.2　单选按钮 Radio 组件 121
　　5.3.3　切换按钮 Switch 组件 122
　　5.3.4　滑块按钮 Slider 组件的应用 123
　　5.3.5　日期时间选择弹窗 124
　　5.3.6　各种样式的弹窗组件 127
　　5.3.7　扩展面板组件的应用 130
　　5.3.8　按钮组相关组件 131

	5.3.9 Card 组件 133
	5.3.10 指示类视图组件 135
5.4	对组件进行绘制与修饰 136
	5.4.1 Opacity 组件 136
	5.4.2 DecoratedBox 组件 137
	5.4.3 裁剪相关组件 137
	5.4.4 CustomPaint 组件 140
5.5	内容可滚动组件 144
	5.5.1 GridView 组件的应用 144
	5.5.2 ListView 组件的应用 148
	5.5.3 SingleChildScrollView 组件的应用 148
	5.5.4 Table 组件的应用 149
	5.5.5 Flow 流式布局组件 150

第 6 章　动画与手势 152

6.1	补间动画的应用 152
	6.1.1 关于 Animation 对象 153
	6.1.2 AnimationController 动画控制器 153
	6.1.3 Tween 补间对象 154
	6.1.4 线性动画与曲线动画 158
	6.1.5 Curve 时间曲线函数 159
	6.1.6 动画组件 161
	6.1.7 同时执行多个动画 162
	6.1.8 更多补间动画 163
6.2	物理动画的应用 164
	6.2.1 摩擦减速动画示例 164
	6.2.2 弹簧减速动画示例 166
	6.2.3 重力动画示例 167
6.3	列表动画 168
	6.3.1 关于 AnimatedList 类 168
	6.3.2 进行列表操作动画 168
6.4	使用帧动画 170
	6.4.1 一个简单的帧动画示例 170
	6.4.2 GIF 图——另一种帧动画 172
6.5	共享元素的动画 173
	6.5.1 共享元素动画示例 173
	6.5.2 关于 Hero 对象 175
6.6	Lottie 动画 175
	6.6.1 引入 lottie_flutter 插件 175

6.6.2 使用 Lottie 动画 176
6.7 Flare 动画 178
　6.7.1 引入 Flare 插件 178
　6.7.2 使用 Flare 动画 179
6.8 手势交互 180
　6.8.1 触摸事件 180
　6.8.2 手势事件 182
　6.8.3 下拉刷新与上拉加载 183

第 7 章 网络技术与数据解析 185

7.1 Flutter 中的网络技术 186
　7.1.1 使用互联网上的接口服务 186
　7.1.2 使用 HTTPClient 进行网络请求 187
　7.1.3 HttpClient 相关方法 188
　7.1.4 关于 HttpClientRequest 请求对象 190
　7.1.5 关于 HttpClientResponse 回执对象 191
　7.1.6 请求方法 192
7.2 JSON 数据解析 193
　7.2.1 手动解析 JSON 数据 193
　7.2.2 将网络数据渲染到页面 194
7.3 数据持久化存储 197
　7.3.1 插件的使用 197
　7.3.2 使用 shared_preferences 插件 199
　7.3.3 进行文件的读写 201
7.4 Flutter 中的页面切换 203
　7.4.1 使用 Navigator 进行页面跳转 203
　7.4.2 正向页面传值 205
　7.4.3 反向页面传值 208

第 8 章 用 Flutter 进行新闻客户端的开发 210

8.1 新闻客户端需求分析与开发前的准备 210
　8.1.1 新闻客户端应用需要具备的功能 210
　8.1.2 开发前的技术准备 211
　8.1.3 应用项目搭建 212
8.2 新闻客户端主页的开发 215
　8.2.1 搭建首页框架 215
　8.2.2 "热门新闻"页面开发 217
　8.2.3 开发下拉刷新与上拉加载更多功能 220

8.3 首页网络请求与数据填充 223
    8.3.1 进行首页数据请求 223
    8.3.2 定义数据模型与数据解析 224
    8.3.3 填充首页数据 226
8.4 分类模块的开发 229
    8.4.1 新闻分类主页开发 229
    8.4.2 开发分类列表 231
8.5 新闻详情页开发 236
    8.5.1 使用 flutter_native_web 插件进行网页渲染 236
    8.5.2 添加收藏功能 239
    8.5.3 实现收藏列表 241

第 9 章 用 Flutter 开发"棍子传奇"小游戏 245

9.1 游戏开始页面开发 245
    9.1.1 在 Flutter 中引入自定义字体 245
    9.1.2 游戏首页的搭建 246
9.2 游戏核心逻辑开发 251
    9.2.1 "棍子"道具开发 252
    9.2.2 英雄移动与胜负判定 253
    9.2.3 游戏的循环机制 257
    9.2.4 对游戏进行计分 259
    9.2.5 游戏的重开 259
9.3 对游戏体验进行优化 261
    9.3.1 为游戏添加音效 261
    9.3.2 修改应用图标 262
    9.3.3 更多可优化的方向 264

第 10 章 将 Flutter 用于 iOS、Android 项目和 Web 应用程序 265

10.1 将 Flutter 模块植入已有的 iOS 工程中 265
    10.1.1 将 Flutter 模块集成进 iOS 原生项目 265
    10.1.2 在 iOS 原生工程中打开 Flutter 页面 268
10.2 将 Flutter 模块植入已有的 Android 工程中 270
    10.2.1 集成 Flutter 模块到 Android 原生项目 270
    10.2.2 在 Android 原生页面中打开 Flutter 页面 274
10.3 使用 Flutter 开发 Web 应用程序 275
    10.3.1 运行第一个 Flutter Web 应用程序 276
    10.3.2 将 Flutter 移动端工程修改为 Web 应用程序 277

第 1 章

Flutter 开发环境搭建

Flutter 是谷歌公司开发的一款移动端 UI 框架，它可以很好地用于开发 Android 和 iOS 移动端应用，并且可以给用户带来高质量的视觉和交互体验。Flutter 中的组件采用响应式框架构建，这种现代的编程思路也会给开发者带来非常顺畅的编程体验。

本章首先完成 Flutter 学习的准备工作，主要介绍 Flutter 的历史、Flutter 的应用场景以及 Flutter 开发环境的搭建。

通过本章，你将学习到：

- Flutter 的历史与发展历程
- Flutter 的应用场景
- 配置 Flutter 开发环境
- 一些常用的 Flutter 指令
- 配置 Android 开发环境
- 配置 iOS 开发环境
- 配置 Android 模拟器
- 运行第一个 Flutter 模板应用

1.1 认识 Flutter

随着移动端开发的持续火热，越来越多的公司、组织和个人开发者开始寻求移动端跨平台开发的解决方案。传统上，一款完整的移动端应用要维护 Android 和 iOS 两套不同平台的代码，需要的开发资源更多，开发难度更大，周期也更长。跨平台的框架可以很好地解决这一痛点。目前较流行的移动端跨平台框架有 FaceBook 公司开发的 React Native 框架、阿里巴巴公司开发的 Weex 框架以及 Google 公司开发的 Flutter 框架。这些解决方案各有优劣，设计上采用的都是比较现代化的响应式开发思路。其中，Flutter 在不同平台上的体验效果更佳，并且入门和上手更加容易。

1.1.1　Flutter 的前世今生与应用场景

提到 React Native，可能很多前端开发者都有所耳闻，但是要说 Flutter，知道的人可能就不多了。在 2018 年 2 月的移动大会上，Google 公司发布了 Flutter 的第一个测试版本，其实 Flutter 的前身是一个名为 sky_sdk 的移动端开发框架，Flutter 中提供了大量的 UI 组件，例如文本标签、按钮、列表以及流畅的动画效果，其中，组件的编程风格借鉴了 React 框架，采用较现代化的响应式开发思路。目前，Flutter 依然保持着高速的版本迭代。

关于移动端开发，首先想到的就是 iOS 开发与 Android 开发。由于平台与运行设备的差异性，很多时候，公司的移动端项目都要维护两套完全不同的代码，成本很高。相比之下，Flutter 是一种新的解决方案，致力于提升用户的 UI 体验，其目标是可以按照 120FPS 的帧率进行界面渲染，比如今绝大多数移动设备上的 60FPS 帧率要高一倍。从语言上，Flutter 采用 Dart 开发语言，Dart 是类似 JavaScript 的一种 Web 脚本语言，也是一种非常现代化的编程语言，并且有着先天的跨平台特性。对于界面炫酷、交互性强但原生逻辑简单的应用，Flutter 有着不可比拟的优势。

1.1.2　安装 Flutter 开发框架

Flutter 可以跨平台地运行在 macOS、Windows 或 Linux 系统上，但是由于 iOS 程序开发的局限性，本书所有的程序在 macOS 系统上进行测试。Flutter 的安装非常简单，首先可以从以下网址下载 Flutter 的最新安装包：

https://flutter.io/docs/development/tools/sdk/archive?tab=macos#macos

如图 1-1 所示，选择平台为 macOS，之后单击具体的 Flutter 版本进行下载，本书使用的是 Flutter v1.0.0 版本，建议你在学习时也使用这个版本。

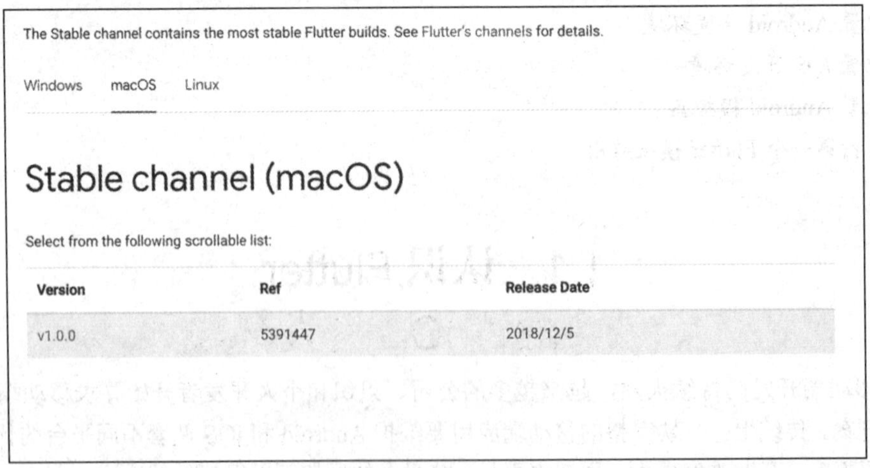

图 1-1　下载 Flutter 安装包

下载完成后，将其解压到任意目录即可。需要注意，解压完成后，我们已经可以在当前 Flutter

目录的 bin 目录下执行相关的 Flutter 命令，但是这样十分不便，我们需要可以在系统的任意目录下执行 Flutter 命令。为达到此目的，在解压 Flutter 安装包后，需要进行系统环境变量的配置。

首先在终端执行如下命令，打开环境文件：

```
vim $HOME/.bash_profile
```

执行上面的命令可能需要验证用户密码，输入计算机的启动密码即可（在输入密码时，终端可能没有反应，不过放心，这是正常的）。vim 是终端上的一个文本编辑器工具，打开文件后，输入 i 进入编辑模式，在文件的末尾追加如下环境变量：

```
export PUB_HOSTED_URL=https://pub.flutter-io.cn
export FLUTTER_STORAGE_BASE_URL=https://storage.flutter-io.cn
export PATH=/usr/local/flutter/bin:$PATH
```

上面的前两个环境变量是为了方便国内用户对 Flutter 资源的访问，最后一个环境变量是 Flutter 的安装位置。需要注意，/usr/local/flutter 是笔者计算机中 Flutter 的安装位置，你需要根据实际情况来配置这个变量，建议最好不要将 Flutter 安装在/usr/local/bin 目录下，新版的 Mac 系统会自动保护这个文件夹。之后使用快捷键 Shift+; 进入 vim 工具的命令模式，输入 wq，按回车键，即可进行文件的保存，完成后在终端输入如下命令来刷新环境变量：

```
source $HOME/.bash_profile
```

完成环境变量的配置后，就可以在任意目录下执行 Flutter 命令了。例如，输入如下命令可以查看帮助文档：

```
flutter help
```

如果终端输出了类似如下的信息，就表示你的 Flutter 开发工具已经安装成功：

```
Manage your Flutter app development.
Common commands:
  flutter create <output directory>
    Create a new Flutter project in the specified directory.
  flutter run [options]
    Run your Flutter application on an attached device or in an emulator.
Usage: flutter <command> [arguments]
……
```

现在，你已经可以在终端使用命令进行 Flutter 应用的创建、运行、打包等操作了，但是先不要着急，还需要进行其他工具的安装和配置。

1.2 配置 iOS 开发环境

Xcode 工具是目前最主流、最完善的 iOS 开发集成环境，并且 Xcode 的下载和安装都非常简单，和任何一款 App Store 上的产品一样，几乎可以一键进行安装。本节将主要介绍 Xcode 开发工具的获取与安装。

1.2.1 进行 AppID 的申请

在使用任何 Apple 产品之前，或者下载任何 App Store 官方的应用程序前，你需要先准备一个 AppID 账号。如果你没有准备 AppID 账号，那么可以在如下网站进行申请：

```
https://appleid.apple.com/account#!&page=create
```

如图 1-2 所示，你需要填写申请 AppID 所需要的必需信息，其中有关安全问题和答案的部分在填写完后要牢记，如果以后密码需要修改或重设，就需要使用这些安全问题和答案。

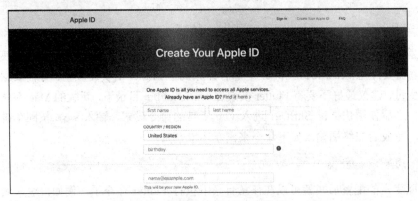

图 1-2　填写 AppID 的注册信息

注册完成后，你填写的账号邮箱会收到一封验证邮件，根据邮件的提示完成验证即可。之后便可以真正地使用这个 AppID 账号了。

1.2.2　获取 Xcode 开发工具

打开 macOS 系统中自带的 App Store 应用程序，在其中的搜索栏中输入 Xcode 搜索应用，如图 1-3 所示。

图 1-3　在 App Store 中搜索应用

找到其中的 Xcode 工具，单击"获取"进行安装，这时可能需要输入 AppID 账号和密码。

下载 Xcode 工具可能需要一段不短的时间。Xcode 是一个非常完整的开发工具，其中包括模拟器、调试器、各种模板代码等工具。在下载和安装的过程中，你不需要做任何的额外操作，等待完成即可。

1.3 配置 Android 开发环境

和 iOS 开发环境的配置相比，在 macOS 上配置 Android 开发环境要略微复杂一些，除了要下载和安装 Android Studio 工具外，还要进行模拟器相关的下载和配置。

1.3.1 获取 Android Studio 开发工具

曾经，配置 Android 开发环境是一件非常痛苦的事，如今 Google 公司专门为中国区的 Android 开发者提供了资源网站使这件事变得非常容易。在如下网站可以直接下载 Android Studio 开发工具：

https://developer.android.google.cn/studio/

下载完成后，根据安装引导完成安装即可。

运行 Android Studio 开发工具，选择 Start a new Android Studio Project 选项来创建一个新的 Android 工程，之后会弹出 Android 工程创建界面，如图 1-4 所示。

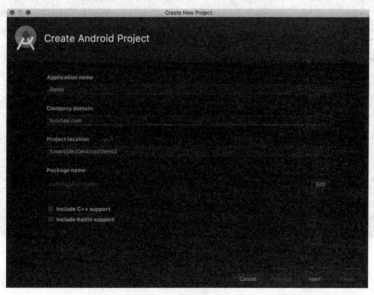

图 1-4　进行新工程创建

如图 1-4 所示，其中 Application name 用来设置应用的名称，Company domain 用来设置公司的域名，Project location 用来配置工程所在的目录位置。之后一直单击 Next 按钮直到完成配置即可。

下面我们进行 Android 模拟器的配置。在打开的 Android Studio 工具菜单栏中找到 Tools，选择其中的 Android 选项，单击 AVD Manager 选项，如图 1-5 所示。

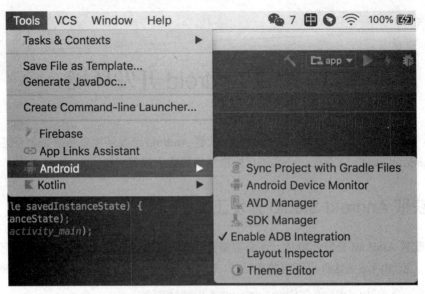

图 1-5　配置 Android 模拟器

在弹出的窗口中选择 Create Virtual Device 选项，打开如图 1-6 所示的界面。

图 1-6　选择模拟器型号

需要为创建的模拟器选择一个型号，单击 Next 按钮后，还需要为模拟器选择一个 Android 版本，如果第一次创建，那么可能需要下载一个 Android 系统版本，如图 1-7 所示。

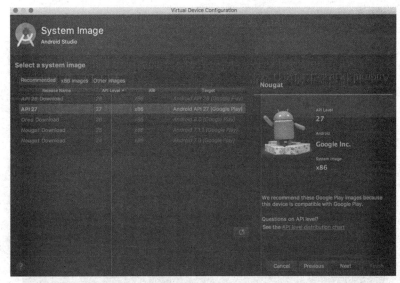

图 1-7　选择模拟器 Android 系统版本

1.3.2　为 Android Studio 添加 Flutter 插件

Android Studio 开发工具和 Flutter 开发框架都是由 Google 公司开发并维护的，因此 Android Studio 工具对 Flutter 有着非常深入的支持，我们可以直接为 Android Studio 工具添加一些插件，使它成为专业的 Flutter 开发工具。

打开 Android Studio 工具的 Preference 窗口，选择其中的 Plugins 选项，如图 1-8 所示。

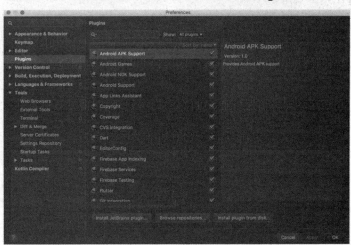

图 1-8　进行插件管理

单击图 1-8 中的 Browse repositories 按钮，进入插件搜索界面，如图 1-9 所示。

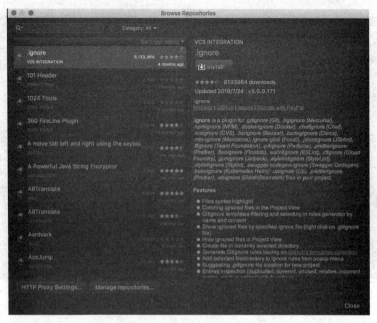

图1-9 进行插件搜索

在搜索栏中分别搜索 Dart 和 Flutter 插件进行安装。其中，Dart 插件用来进行 Dart 语言的相关代码分析支持，比如进行输入验证、代码补全等；Flutter 插件用来进行 Flutter 工程的开发、运行、调试、重载等。这两个插件是在 Android Studio 上开发 Flutter 工程必不可少的工具。

安装完成后，重启 Android Studio 即可。在启动界面能看到，Android Studio 工具已经可以直接创建 Flutter 工程，如图 1-10 所示。

图 1-10 Android Studio 支持直接创建 Flutter 工程

1.4 你的第一个 Flutter 应用

本节将试着创建第一个纯 Flutter 构建的应用程序，可以同时在 Android 和 iOS 两个平台运行。

使用 Android Studio 进行 Flutter 项目的创建非常简单。打开 Android Studio 开发工具，选择 Start a new Flutter Project 选项，之后会打开模板选择界面，如图 1-11 所示，选择 Flutter Application 模板。

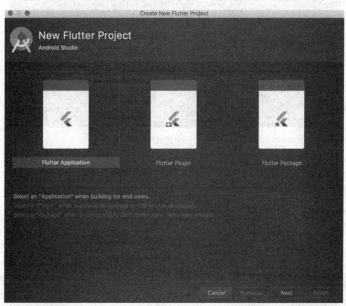

图 1-11　选择 Flutter Application 模板

新建的 Flutter 工程的目录结构如图 1-12 所示。

图 1-12　新建的 Flutter 工程的目录结构

其中，android 文件夹下放置的是 Flutter 在 Android 平台运行的相关代码。ios 目录中存放的是 Flutter 在 iOS 平台运行的相关代码。lib 目录是 Flutter 工程的核心目录，其中存放核心的 Dart 逻辑代码。在我们创建的模板工程中,默认生成了一个 main.drat 文件,这个文件是整个应用程序的入口文件。对于这个文件中的内容,你现在不必过多关注。test 文件夹用来存放测试代码。除了这些文件夹外,pubspec.yaml 文件是工程的配置文件,这个文件用来进行依赖和静态资源的配置。

创建的这个模板工程不需要额外编写任何代码即可直接运行。在 Android Studio 的工具栏上可以直接选择要运行的模拟器,并单击"运行"按钮运行,如图 1-13 所示。

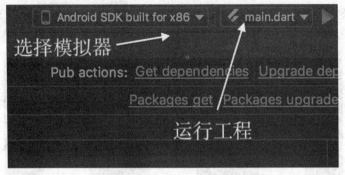

图 1-13　选择模拟器并运行

如果当前没有正在运行的模拟器,那么可以在选择模拟器的地方直接打开一个 Android 或 iOS 模拟器。

单击"运行"按钮运行 Flutter 工程,第一次运行 Flutter 工程需要下载和安装一些依赖,这可能需要一些时间。完成后,如果没有异常产生,你就会看到如图 1-14 和图 1-15 所示的在模拟器上的效果。

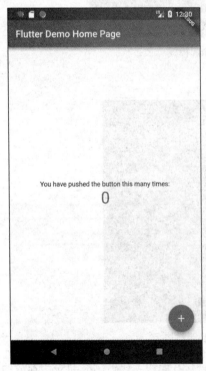

图 1-14　在 Android 模拟器上的运行效果

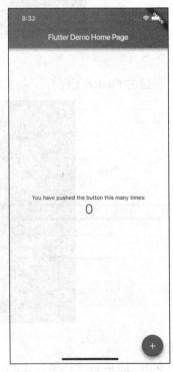

图 1-15　在 iOS 模拟器上的运行效果

从图 1-14 和图 1-15 中可以看到，在 Android 和 iOS 平台上，Flutter 有着非常一致的表现。在模板工程中，单击右下角的加号按钮，可以实现屏幕上数字的增加。

下面我们进行一些简单的修改，在 main.dart 中修改静态字符串，之后只要保存文件或者单击工具栏上的热重载按钮，即可实现应用程序的热刷新，如图 1-16 所示。

图 1-16　热重载功能按钮

热重载也是 Flutter 框架的一大特点，其可以在不重新编译的情况下进行快速重载，省去了开发者每次微小的修改都需要编译运行所消耗的时间。更强大的是，Flutter 的热重载不会丢失当前的状态，大大缩减了开发周期。修改静态字符串的内容后，热重载应用程序，效果如图 1-17 所示。

图 1-17　对应用程序进行热重载

现在，你已经与 Flutter 进行了初次见面，若想更加深入地了解 Flutter 并且熟练地使用 Flutter 进行应用程序的开发，就需要学习一个神奇的语言：Dart。

第 2 章

Dart 语言基础

虽然到目前为止，Flutter 仍然是一个较为年轻的框架，但是 Dart 编程语言已经有了一段历史，其在 2011 年 10 月就亮相了，2018 年 2 月，Dart 2 正式发布。Dart 语言设计的初衷是专门针对 Web 开发做优化，让开发者可以更加无缝、高效地编写 Web 脚本代码。目前，Dart 语言已经可以应用在 Web、移动端和服务端产品的开发。因此，学习 Dart 语言对开发者来说是非常低成本、高回报的。

通过本章，你将学习到：

- Dart 语言开发环境的安装与配置
- 变量的声明和定义
- 数值类型的应用
- 字符串类型的应用
- 布尔类型的应用
- 列表类型的应用
- Map 类型的应用
- 算术运算符的应用
- 比较与类型运算符的应用
- 复合运算符与逻辑运算符的应用
- 位运算符的应用
- 条件运算符的应用
- 点运算符的应用
- 条件分支语句的应用
- 循环语句的应用
- 中断与多分支语句的应用
- 异常的处理

2.1 Dart 开发环境搭建

在上一章中，我们配置了 Flutter 开发环境，在 Android Studio 开发工具中集成了 Flutter 与 Dart 插件，并且运行了第一个 Flutter 工程。但是要深入地学习 Dart 编程语言，使用 Android Studio 是非常不方便的。因此，我们还需要配置一个 Dart 开发环境，进而更快、更方便地测试 Dart 语法。

2.1.1 安装 Dart SDK

本书中所有的示例都在 macOS 系统上演示。在 macOS 平台上安装 Dart SDK 需要借助 homebrew 工具，homebrew 是一个软件包管理器，一般情况下，系统会默认安装，无须我们做额外的操作。

打开终端软件，在其中依次输入如下两条命令：

```
brew tap dart-lang/dart
brew install dart
```

如果安装成功，就会看到终端输出如下文字：

```
Please note the path to the Dart SDK:
  /usr/local/opt/dart/libexec
==> Summary
   /usr/local/Cellar/dart/2.1.0: 339 files, 300.1MB, built in 6 minutes 27 seconds
```

需要注意，上面的/usr/local/opt/dart/libexec 路径非常重要，它是 Dart 语言的 SDK 目录，后面的配置需要用到这个目录。

安装完成后，可以在终端输入如下命令来验证 Dart 是否安装成功：

```
dart --version
```

终端输出如下内容则表示安装成功：

```
Dart VM version: 2.1.0 (Tue Nov 13 18:22:02 2018 +0100) on "macos_x64"
```

下面我们编写一个简单的 Hello World 程序来测试一下。新建一个文件，将其命名为 1.Hello.dart，在其中编写如下代码：

```
main() {
    print("Hello World");
}
```

上面是一个简单的 Dart 程序，main 函数是程序的入口，print 函数用来进行标准输出。在终端使用 dart 命令运行这个文件：

```
dart /Users/jaki/Desktop/1.Hello.dart
```

运行后，可以在终端看到输出结果"Hello World"。

2.1.2 配置 Dart 编辑器

安装 Dart SDK 后，我们可以在终端执行 Dart 程序文件，但是这样十分不便，首先在编写 Dart 代码的时候，使用的文本编辑器可能并不能给我们带来代码高亮和语法提示的帮助，而且每次修改都需要在终端运行非常耗时。幸运的是，我们可以使用一款名叫 Sublime Text 3 的编辑器软件，这个软件支持非常多的插件，当然其中也有与 Dart 语言相关的插件，通过安装一些插件，将 Sublime Text 3 配置成可以进行 Dart 代码提示、语法高亮以及直接运行和查看结果的开发平台。

首先，在如下网站下载最新的 Sublime Text 3 软件：

http://www.sublimetext.com/

下载的是一个初始化的编辑器，在安装 Dart 相关插件之前，我们需要先安装一个名叫 Package Control 的 Sublime Text 插件管理器。

Package Control 的安装非常简单，首先打开 Sublime Text 3 编辑器，使用快捷键 Control+` 打开命令行（`为数字 1 左边的按键），之后将下面的脚本复制进去，按回车键即可：

```
import urllib.request,os,hashlib; h = '6f4c264a24d933ce70df5dedcf1dcaee' + 'ebe013ee18cced0ef93d5f746d80ef60'; pf = 'Package Control.sublime-package'; ipp = sublime.installed_packages_path(); urllib.request.install_opener( urllib.request.build_opener( urllib.request.ProxyHandler()) ); by = urllib.request.urlopen( 'http://packagecontrol.io/' + pf.replace(' ', '%20')).read(); dh = hashlib.sha256(by).hexdigest(); print('Error validating download (got %s instead of %s), please try manual install' % (dh, h)) if dh != h else open(os.path.join( ipp, pf), 'wb' ).write(by)
```

安装需要一段时间。安装完成后，在 Sublime Text 中使用快捷键 Command+Shift+p 可以打开 Package Control 工具，如图 2-1 所示。

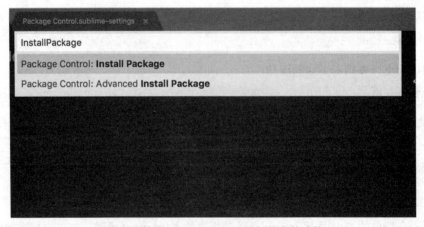

图 2-1 使用 Package Control 的插件安装功能

选中这个选项后，会弹出一个可用的插件列表，如图 2-2 所示。

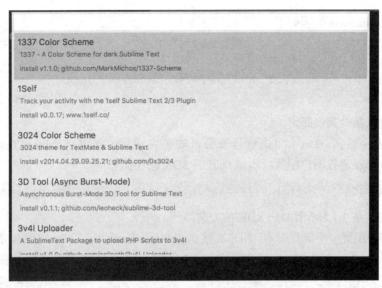

图 2-2　Package Control 的插件列表

这里需要注意，如果你的 Sublime Text 过了很长时间仍然没有弹出这个插件列表，就很有可能是网络问题造成的异常（存放这个插件库文件的服务器在国外），你可以使用如下方法替换插件库地址：选择 Sublime Text 菜单上的 Preferences→Package Settings→Package Control→Settings-User，如图 2-3 所示。

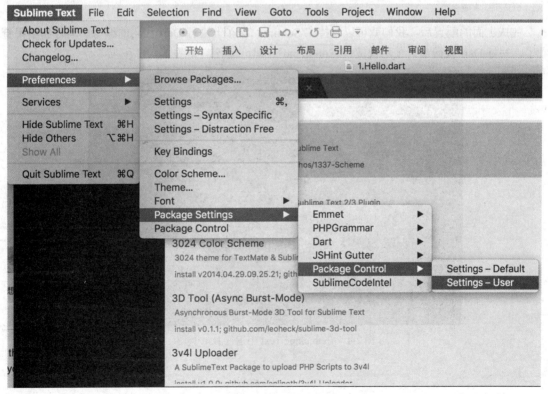

图 2-3　进行 Package Control 用户配置

修改其中的 channels 选项如下：

```
"channels":
[
    "http://zyhshao.github.io/file/channel_v3.json"
],
```

之后再次进入插件列表即可。

在插件列表中输入 Dart，单击进行安装，安装完成后，选择 Sublime Text 菜单栏上的 Preferences→Settings 进行用户配置，添加 Dart 的 SDK 路径如下：

```
"dart_sdk_path": "/usr/local/opt/dart/libexec"
```

这里的路径就是 2.1.1 小节 Dart SDK 的安装路径。

最后，还需要配置一个运行脚本，用来直接在 Sublime Text 中运行 Dart 代码，在 Sublime Text 的菜单栏上选择 Tools→Build System→New Build System...选项，在打开的文件中写入如下文本：

```
{
"cmd": ["/usr/local/bin/dart", "$file"],
"selector": "source.dart"
}
```

上面的 selector 用来配置要运行脚本的文件类型，这里指定后缀为 dart 的文件；cmd 用来配置要执行的脚本，这里需要写入一个 Dart 执行路径。可以在终端执行如下命令获取 Dart 的执行路径：

```
which dart
```

完成上面的配置后，我们就可以直接在 Sublime Text 上进行 Dart 代码的编写、运行和结果查看了。写好 Dart 代码后，使用快捷键 Command+b 即可运行，如图 2-4 所示。

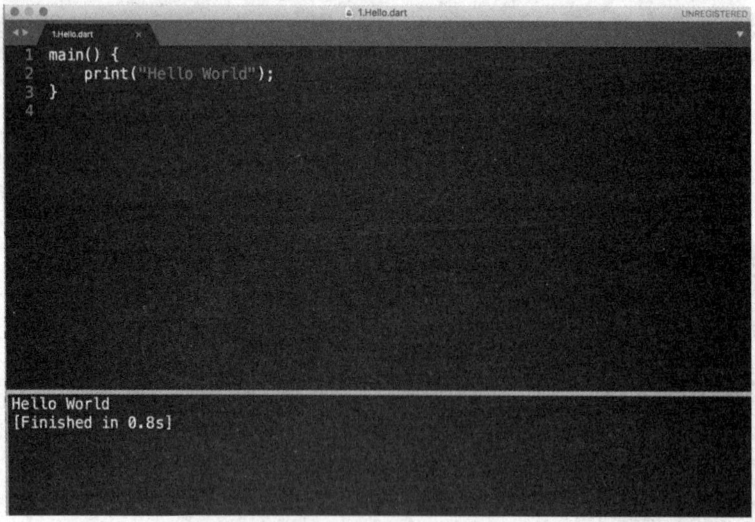

图 2-4　在 Sublime Text 中运行 Dart 代码

2.2　Dart 中的变量

讲到变量，相信有中学数学基础的读者都会非常熟悉。在数学中，变量是一个非常重要的概念，在方程组、函数中随处都可以见到变量的影子。在编程中，变量也是一个非常重要的概念。从字面上来理解，变量即表示可以改变的量值，其实有些不准确，变量更像是一个容器，用来存储数据，数据可能是可变的，也可能是不可变的，不同类型的数据对应不同类型的变量。Dart 中的变量功能强大，本节我们就来学习变量相关的知识。

2.2.1　使用变量

在开始学习变量之前，我们先来分析一个简单的程序，代码如下：

```
main() {
    var name = "珲少";
}
```

这是一个非常简单的 Dart 程序，运行后不会有任何输出。然而麻雀虽小，五脏俱全。首先，任何一个 Dart 程序都需要一个入口函数，即 main 函数，和 Java、C 语言一样，不论 main 函数写在文件的哪个位置，在 Dart 程序执行时都会先找到它，上面的代码在 main 函数中创建并初始化了一个变量：name。需要注意，在每一句 Dart 语言的结尾都要使用符号";"进行标记。

var 关键字用来声明变量，var 是一个非常有意思的关键字，在 Dart 中，变量都是有类型的，var 关键字的作用是让解释器来推断变量的类型，在变量进行赋值时，解释器会根据赋值对其类型进行推断，上面的 name 变量会被推断成字符串类型（string）。变量的类型一旦确定，如果对其赋予了不同类型的值，就会产生错误，例如：

```
main() {
    var name = "珲少";
    name = 1;
}
```

运行上面的代码，会报出如下错误：

```
Error: A value of type 'dart.core::int' can't be assigned to a variable of type 'dart.core::String'.
```

这个错误的意思是将 int 类型的值赋给了 string 类型的变量，这在语法上是不被允许的。

和很多强类型语言一样，Dart 也非常强调类型安全。很多时候，变量类型确定后，我们不需要将其他类型的值赋给它，但是总有特殊情况出现，如果某个变量的类型是可变的，在 Dart 中就可以使用 dynamic 关键字来声明，它的意思是变量的类型是动态的，例如：

```
dynamic age = 26;
age = "26";
```

当然，如果你想强制变量的类型，也可以在声明变量时显式地标注它的类型，比如：

```
String subject = "Dart";
```

上面的代码显式地声明 subject 变量的类型为字符串类型（String 类型）。

上面所有的示例代码中，在声明变量的同时都对其进行了赋值，这个过程也叫作变量的定义。当然，你也可以只对变量进行声明，并不赋值，这时变量会被设置为默认值 null，例如：

```
var uninit ;
print(uninit);//将输出 null
```

还有一点需要注意，在 Dart 中，无论什么类型的变量，如果不对其进行赋值，那么它的默认值都是 null，这和一些类 C 语言不同，在 Dart 中，所有数据都是对象，请牢记，这点非常重要。

2.2.2 不可变变量

在开发中，很多时候有些数据是不可变的，例如一些配置项。对于不可变的变量，可以使用 final 或者 const 关键字。final 关键字声明的变量为最终变量，const 关键字声明的变量为常量。无论使用哪一个关键字，在声明时，都需要对变量进行赋值，例如：

```
final a = 1;
final String b = "sss";
const c = 2;
const int d = 3;
```

如果在声明时没有对其进行赋值或者在定义完成后又对其进行了修改，在运行时就会抛出异常。

在实际开发中，适当地使用 final 和 const 关键字十分重要。一些数学常数（例如标准气压、重力单位等）在程序中使用时都可以定义成不可变的变量。

2.3 Dart 中的内置数据类型

通过前面的学习，对于数据类型你已经有了简单的理解。在 Dart 中，万事万物皆是对象。也就是说，无论是什么类型的数据，其都是某个类的实例，在 Dart 中，你可以使用字面量来创建这些对象，也可以使用类的构造器来创建这些对象（非抽象类）。

Dart 中内置了 7 类特殊的数据类型，分别为 numbers（数值类型）、strings（字符串类型）、booleans（布尔类型）、lists（列表类型）、maps（图类型）、runes（字符类型）和 symbols（符号类型）。本节我们主要学习这些内置的数据类型。

2.3.1 数值类型

顾名思义，数值类型用来描述与数值相关的数据。在数学中，数有多种分类方法，比如可以分为整数、小数，也可以分为正数、负数等。在 Dart 中，数值类型有两种，分别为 int 和 double。

int 是 integer 的缩写，用来描述整型数据；double 是双精度浮点类型，即用 64 位来描述带有小数的数值。

可以使用字面量来直接创建数值对象，例如：

```
int a = 99;
int b = 0xA1;
print(a);//99
print(b);//161
```

如果使用 0x 开头定义数值，就表示使用十六进制数值。如果一个数值包含小数，就需要将其定义为 double 类型。我们也可以使用直接定义与指数定义来定义小数，例如：

```
double c = 3.14;
double d = 1.4e2;
print(c);//3.14
print(d);//140.0
```

e 符号表示科学计数法，上面的 1.4e2 表示 1.4 乘以 10 的 2 次方，最终的结果为 140。需要注意，虽然结果为整数，但其类型依然是 double 类型。在 Dart 2.1 版本后，整型数值是可以直接赋值给浮点型变量的，Dart 会自动处理将其转换成浮点数，例如：

```
double e = 1;
print(e);//1.0
```

int 和 double 类型中都定义了许多常用的属性和方法，通过属性我们可以获取许多关于当前数值对象的信息，例如：

```
var count1 = 1;
var count2 = 1.1;
//runtimeType 属性获取运行时类型
print(count1.runtimeType);//int
print(count2.runtimeType);//double
//获取当前数值是否为有限值，返回 true 或者 false
print(count1.isFinite);
//获取当前数值是否为无限值，返回 true 或者 false
print(count1.isInfinite);
//获取当前数值是否为 NaN，NaN 描述非数值
print(count1.isNaN);
//获取当前数值是否为负数
print(count1.isNegative);
//获取当前数值的符号。若返回 1，则表示为正数；若返回-1，则表示为负数；若返回 0，则表示当前数值为 0
print(count1.sign);
//获取存储当前数值需要的最少位数，int 类型独有的属性
print(count1.bitLength);
//获取当前数值是否为偶数，int 类型独有的属性
print(count1.isEven);
//获取当前数值是否为奇数，int 类型独有的属性
print(count1.isOdd);
```

数值类型中还定义了许多常用的方法，这个方法实际上就是函数，它们帮助开发者对数值数

据进行操作，例如：

```
var count1 = -1;
var count2 = 1.1;
//返回当前数值的绝对值
print(count1.abs());
//返回不小于当前数值的最小整数
print(count2.ceil());//2
//返回不小于当前数值的最小整数，返回数值为浮点类型
print(count2.ceilToDouble());//2.0
//返回指定范围内离当前数值最近的数值，如果当前数值在范围内，就直接返回
print(count1.clamp(1,10));
//将当前数值与传入的参数进行比较：如果大于传入的参数，就返回1；如果小于传入的参数，就返回-1；如果等于传入的参数，就返回0
print(count1.compareTo(0));
//返回不大于当前数值的最大整数
print(count2.floor());//1
//返回不大于当前数值的最大整数，返回数值为浮点类型
print(count2.floorToDouble());//1.0
//获取当前数值除以参数后的余数
print(count1.remainder(5));
//获取离当前数值最近的整数，四舍五入
print(count2.round());
//获取离当前数值最近的整数，四舍五入，返回浮点数
print(count2.roundToDouble());
//将当前数值转换成浮点数返回
print(count1.toDouble());
//将当前数值转换成整型数返回
print(count2.toInt());
//将当前数值转换成字符串返回
print(count1.toString());
//将当前数值的小数部分丢弃后返回整数值
print(count2.truncate());
//将当前数值的小数部分丢弃后返回整数值，浮点类型
print(count2.truncateToDouble());
```

上面列举的方法都有详尽的注释，并且这些方法是 int 类型对象和 double 类型对象所通用的。对于 int 类型数据，其还可以调用许多独有的方法，例如：

```
var num1 = 35;
//获取当前数与传入参数的最大公约数
print(num1.gcd(7));//7
//求模逆运算
print(num1.modInverse(6));
num1 = 2;
//对当前数值进行幂运算，之后进行取模运算
print(num1.modPow(3,5));//2 的 3 次方除以 5 取余数
```

2.3.2 字符串类型

字符串是编程中常用的数据类型。在 Dart 中，可以使用单引号或者双引号来创建字符串，例如：

```
var str1 = "Hello";
var str2 = 'World';
```

更多时候，我们需要对字符串进行格式化，例如将某个变量的值插入字符串中，或者将某个表达式的运算结果插入字符串中。在 Dart 中，使用$来进行字符串的格式化，例如：

```
var name = "珲少";
var str3 = "Hello ${name} $name";
var num1 = 3;
var num2 = 4;
var str4 = "3+4=${num1+num2}";
print(str3);//Hello 珲少
print(str4);//3+4=7
```

需要注意，如果要将表达式的值插入字符串中，就需要使用大括号标记，即${}。

字符串也支持直接使用"+"运算符来进行拼接，示例如下：

```
var str1 = "Hello";
var str2 = 'World';
print(str1+str2);//HelloWorld
```

其实，即使你不使用运算符，相邻的字符串也会自行进行拼接，例如：

```
print('hello''world');//helloworld
```

使用 3 对单引号或者 3 对双引号可以进行多行字符串的创建，在某些应用场景下，这个语法特点十分有用，例如：

```
var str5 = '''第一行
第二行
第三行''';
var str6 = """第一行
第二行
第三行""";
```

和 C 语言类似，Dart 中的字符串也支持使用反斜杠来进行字符的转译，常用的转译字符是引号与换行符，例如：

```
print('hello \'珲少\'');//hello '珲少'
//hello
//world
print("hello\nworld");
```

当然，如果你不想进行转译，想让字符串完全匹配其字面的意思，就可以使用原始字符串，例如：

```
print(r"hello\nworld");//hello\nworld
```

上面的示例代码中，我们都是采用字面量直接进行字符串对象的创建的，其实也可以使用构造方法来创建字符串，例如：

```
var str7 = String.fromCharCode(97);//字符码 97 对应字符 a
var str8 = String.fromCharCodes([97,98,99]);//abc
```

可以通过调用字符串对象的一些属性来获取当前字符串的相关信息，列举如下：

```
//获取字符串的字符码集合
print(str8.codeUnits);//[97, 98, 99]
//获取当前字符串是否为空字符串，返回布尔值
print("".isEmpty);//true
//获取当前字符串是否为非空，返回布尔值
print("".isNotEmpty);//false
//获取当前字符串长度
print(str8.length);//3
//获取类型
print(str8.runtimeType);//String
```

String 类中的相关方法也可以帮助我们对字符串进行运算或修改，列举如下：

```
//通过下标获取某个字符串中某个字符的 code 码，下标从 0 开始
print("hello".codeUnitAt(0));//104
//进行字符串比较，逐个字符进行 code 码的比较
print("hello".compareTo('a'));//1
//获取当前字符串是否包含参数字符串
print("hello".contains('l'));//true
//判断当前字符串是否以某个字符串结尾
print("hello".endsWith("llo"));//true
//判断当前字符串是否以某个字符串开头
print("hello".startsWith('h'));//true
//获取要进行匹配的字符串在当前字符串中的位置，如果没找到，就返回-1
print("hello".indexOf("l"));//2
//获取要进行匹配的字符串在当前字符串中的位置，逆向查找，如果没找到，就返回-1
print("hello".lastIndexOf("l"));//3
//在左边进行字符串位数补齐
print("hello".padLeft(10,"*"));//*****hello
//在右边进行字符串位数补齐
print("hello".padRight(10,"&"));//hello&&&&&
//进行字符串替换，将匹配到的字符串替换成指定的字符串
print("hello".replaceAll("o","p"));//hellp
//将指定范围内的字符串进行替换，左闭右开区间
print("hello".replaceRange(0,3,"000"));//000lo
//使用指定字符串作为标记对原字符串进行分割，结果会放进列表返回
print("hello".split('e'));//[h, llo]
//进行字符串截取，左闭右开区间
print("hello".substring(1,3));//el
//将字符串全部转为小写
print("Hello".toLowerCase());//hello
//将字符串全部转为大写
print("hello".toUpperCase());//HELLO
//将字符串首尾的空格去掉
```

```
print(" hello ".trim());
//将字符串首部的空格去掉
print(" hello".trimLeft());
//将字符串尾部的空格去掉
print("hello ".trimRight());
```

除了上面列举的方法外，如果要对字符串进行拷贝，就可以直接使用"*"运算符，例如：

```
print("hello"*2);//hellohello
```

其实，字符串也是一种集合类型，在 Dart 中，集合类型的数据都可以使用中括号来获取集合内的某个元素，例如：

```
print("hello"[0]);//h
```

2.3.3 布尔类型

布尔类型是 Dart 中一种简单的数据类型，其只有两个字面量值：true 和 false。

布尔类型虽然简单，却是编程中必不可少的数据类型。在实现复杂的逻辑分支时，往往需要判断大量的条件，布尔运算是条件运算的核心。定义布尔值的示例如下：

```
bool a = true;
bool b = false;
```

布尔类型非常简单，bool 类中没有封装太多的属性，可以使用 runtimeType 来获取类型：

```
bool a = true;
bool b = false;
print(a.runtimeType);//bool
```

可以调用布尔对象的 toString 方法来将布尔值转换成字符串，例如：

```
bool a = true;
print(a.toString());//true
```

2.3.4 列表类型

列表用来存放一组数据，在许多编程语言中，列表这种数据类型也被称为数组。在 Dart 中，列表具体的数据类型由其中的元素类型决定，例如下面是完整的声明列表变量的格式：

```
List<int> list = [1,2,3,4];
```

其中，尖括号中的类型用来指定列表中元素的类型，如果列表明确了其中元素的类型，它就只能存放这种类型的数据，否则会产生运行时异常。例如下面的写法是不允许的：

```
List<int> list = [1,2,3,4,"5"];
```

若想在列表中存放不同类型的数据，则可以将列表声明成动态类型的，例如：

```
List<dynamic> list = [1,2,3,4,"5"];
```

其实更多时候，我们不需要手动指明列表的类型，可以利用 Dart 的类型推断特性，直接使用

var 进行声明即可，例如：

```
var list = [1,2,3,4,"5"];
```

除了使用字面量来进行列表对象的创建外，我们还可以通过构造方法来创建，示例如下：

```
//创建长度为 5 的列表，默认使用 null 填充
var list2 = new List(5);//new 可以省略 [null, null, null, null, null]
//创建指定长度的列表，并使用指定的值作为默认值
var list3 = List.filled(3,1);//[1,1,1]
//通过另一个集合类型的数据来创建列表
var list4 = List.from(list3);//[1,1,1]
```

需要注意，使用 new 关键字调用构造方法是 Dart 的标准对象构造语法，Dart 2 允许开发者在调用构造方法时省略 new 关键字，这使我们的代码看起来更加简洁清爽。

下面列举列表对象中的一些常用属性：

```
//获取列表的第一个元素
print([1,2].first);//1
//获取列表中的最后一个元素
print([1,2].last);//2
//获取列表的长度
print([1,2].length);//2
```

和字符串一样，列表也可以使用中括号进行取值或设置值，同样支持使用运算符进行相加操作，例如：

```
print(["a","b","c","d"][3]);//d
print([1,2]+[2,3]);//[1, 2, 2, 3]
var data = [1,2,3];
data[2] = 4;
print(data);//[1, 2, 4]
```

需要注意，在对列表中的值进行设置时，如果下标超出了列表元素的个数，就会产生溢出异常。

List 类中封装了大量的实例方法，这些方法可以极大地提高开发者的工作效率，列举如下：

```
    var l = [];
    //向列表中增加元素
    l.add(1);
    //向列表中增加一组元素
    l.addAll([2,3]);
    //将列表对象映射成字典对象，下标为键，元素为值
    print(l.asMap());//{0: 1, 1: 2, 2: 3}
    //将列表中某个范围的元素进行覆盖
    l.fillRange(0,2,"a");//[a, a, 3]
    //获取列表某个范围内的元素集合
    print(l.getRange(0,3));
    //获取列表中某个元素的下标，从前向后找，如果没有，就返回-1
    print(l.indexOf('a'));
    //获取列表中某个元素的下标，从后向前找，如果没有，就返回-1
    print(l.lastIndexOf("a"));
```

```dart
//向列表中的指定位置插入一个元素
l.insert(0,'s');//[s, a, a, 3]
//向列表的指定位置插入一组元素
l.insertAll(0,["a","b","c"]);//[a, b, c, s, a, a, 3]
//删除列表中的指定元素，从前向后找到第一个删除
l.remove("a");
//删除列表中指定位置的一个元素
l.removeAt(0);
//删除列表中的最后一个元素
l.removeLast();
//删除列表中指定范围内的元素
l.removeRange(0,2);
//将列表中指定范围的元素进行替换，替换为集合参数中的元素
l.replaceRange(0,2,[1,2,3,4]);
//截取列表中范围内的元素返回新的列表
print(l.sublist(0,3));
//判断列表中是否包含指定元素
print(l.contains(2));
//使用指定拼接符将列表拼接为字符串
print(l.join("-"));//1-2-3-4
//将列表转换为字符串
print(l.toString());//[1, 2, 3, 4]
print(l);
//删除列表中所有的元素
l.clear();
```

2.3.5 字典类型

相信你一定有过查词典的经历。以英汉词典为例，当你需要学习某个汉语词汇对应的英文词汇时，首先需要在索引处找到这个汉语词汇，不同的汉语词汇有可能会查到相同的英文词汇。字典数据类型也是这样的，更精确的说法是，字典是一组键值对的集合，通过键可以完成对值的修改、查找、添加或删除。在 Dart 中，字典类型叫作 Map。

使用大括号可以通过字面量值创建字典对象，例如：

```dart
var map1 = {
    "name":"珲少",
    "age":25
};
```

对于 Map 类型，在创建时，键和值要成对出现。一般情况下，键都是字符串类型的。但是在 Dart 中并没有严格的语法规定，键可以是任意类型的，值也可以是任意类型的。但是需要注意，与 List 类型一样，一旦 Map 的类型被确定，其键和值的类型就必须遵守。完整的 Map 类型变量的声明格式如下：

```dart
//键为字符串类型、值为整数类型的字典
Map<String,int> map2 = {"1":1,"2":2};
```

通过键可以实现对值的获取、设置和新增，例如：

```
//使用构造方法创建字典
var map3 = Map();
//新增键值对
map3["name"] = "珲少";
print(map3["name"]);//珲少
//修改键值
map3["name"] = "Lucy";
print(map3["name"]);//Lucy
//不存在的键值将返回 null
print(map3["age"]);//null
//将某个键的值置为 null,并不会将此键值对删除
map3["name"] = null;
print(map3["name"]);//null
```

Map 对象中常用的属性列举如下:

```
//判断 Map 是否为空
print({"1":1,"2":2}.isEmpty);//false
//判断 Map 是否为非空
print({"1":1,"2":2}.isNotEmpty);//true
//获取 Map 所有的键
print({"name":"Lucy","age":25}.keys);//(name, age)
//获取 Map 所有的值
print({"name":"Lucy","age":25}.values);//(Lucy, 25)
//获取 Map 中键值对的个数
print({"name":"Lucy","age":25}.length);//2
//获取类型
print({"name":"Lucy"}.runtimeType);//_InternalLinkedHashMap<String, String>
```

同样，Map 类中也封装了许多实例方法可以供我们直接使用，示例代码如下:

```
var map = {};
//向 Map 中追加键值对
map.addAll({"name":"Lucy","age":28});//{name: Lucy, age: 28}
//判断 Map 中是否包含某个键
print(map.containsKey("name"));//true
//判断 Map 中是否包含某个值
print(map.containsValue("Lucy"));//true
//删除某个键值对
map.remove("name");
//将 Map 转换成字符串
print(map.toString());
//清空 Map 中的键值对
map.clear();
```

2.4 Dart 中的运算符

运算符是编程语言中重要的组成部分，程序都是由一行一行的语句组成的，表达式用来描述

语句的逻辑，变量和运算符组成了表达式。

Dart 支持的运算符非常丰富，包括算数运算符、比较运算符、类型运算符、复合运算符、逻辑运算符、位运算符和条件运算符等。本节我们一起来学习 Dart 中运算符的使用。

2.4.1 算数运算符

算数运算符通常用来进行简单的数据运算，例如加、减、乘、除等。

四则运算是数学中基础的运算类型。"+"用来进行相加运算。在 Dart 中，并非只有数值才支持加运算，字符串、列表、Map 等数据类型也支持进行相加运算，例如：

```
print(1+2);//3
print("1"+"2");//12
```

"-"用来进行减法运算，例如：

```
print(3-1);//2
```

当符号"-"只有一个操作数时，实际上是负号运算符，即将正数变成负数，负数变成正数，例如：

```
print(-(-1));//1
```

乘法运算使用运算符"*"来描述，例如：

```
print(2*4);//8
```

除法运算使用运算符"/"描述，例如：

```
print(10/2);//5.0
```

可以看到，除法运算符无论其操作数是整数还是小数，其都会返回浮点数，如果要进行整除运算，就可以使用"~/"运算符，例如：

```
print(9~/2);//4
```

除了上面常用的四则运算外，Dart 中还提供了取模运算符，例如：

```
print(9%2);//1
```

和 C 语言类似，Dart 中也支持自增与自减运算符。这两个运算符让很多编程初学者头疼不已，其实掌握了其中的规律，理解它们很简单。无论是自增运算符"++"还是自减运算符"--"，其都只有一个操作数，它们可以出现在操作数的前面，也可以出现在操作数的后面，前后的差异将使计算结果完全不同。

自增运算符的作用是在当前值的基础上自加 1，即可改变当前变量的值，例如：

```
var a = 3;
a++;
print(a);//4
++a;
print(a);//5
```

从上面的代码来看，无论是++a 还是 a++，其执行完成后，都使原变量 a 的值增加了 1。a++的作用其实除了将变量 a 加 1 外，还会将 a 增加前的原始值返回，而++a 的作用除了将变量 a 加 1 外，会将计算后变量 a 最新的值返回，从下面的打印就可以清楚地看到前置与后置的区别：

```
print(a++);//打印 3，这时 a 变成了 4
print(++a);//打印 5，这时 a 变成了 5
```

"--"运算符和"++"运算符的逻辑基本一致，只是其是将变量的值进行减 1 操作。

2.4.2 比较运算符

比较运算符的作用是进行两个值的比较。虽然在 Dart 中，比较运算符的操作数可以是任意类型的值，但是对于 List、Map 或 String 对象，一般会使用函数来进行比较，比较运算符更多用于数值之间的比较。可用的比较运算符如表 2-1 所示。

表 2-1 比较运算符

运算符	意义
==	进行相等比较运算
!=	进行不相等比较运算
>	进行大于比较运算
<	进行小于比较运算
>=	进行大于等于比较运算
<=	进行小于等于比较运算

比较运算都会返回一个布尔值的结果：如果比较成立，就会返回布尔值 true；如果比较不成立，就会返回布尔值 false。

示例代码如下：

```
print(1==1);//true
print(3>2);//true
print(3<2);//false
print(3!=5);//true
print(4<=4);//true
print(5>=2);//true
```

2.4.3 类型运算符

Dart 中的类型运算符有 3 种：as、is 和 is!。其中，as 运算符用来进行类型的"转换"，需要注意，这里的类型转换并不是真正意义上的转换，其并不会真正修改数据的类型，而是告诉 Dart 将当前数据当成某个类型的数据来进行处理。在面向对象开发中，这个运算符非常有用，后面我们会介绍。is 运算符用来判断数据是否属于某个类型：如果属于，就返回布尔值 true；如果不属于，就返回布尔值 false。is!运算符的作用则与 is 刚好相反，它用来判断数据是否不属于某个类型，示例如下：

```
var a = 1;
var b = "2";
print(a is int);//true
print(b is! String);//false
```

2.4.4 复合运算符

简单理解,复合运算符是多种简单运算符的复合。复合运算符通常也叫作赋值复合运算符,因为其总是一种运算符与赋值运算符的组合。

首先,我们需要了解赋值运算符。前面也一直在使用赋值运算符,在定义变量时,需要使用"="将某个值赋给变量,例如:

```
var a = 1;
```

同样,对变量进行修改时,也需要使用赋值运算符,例如:

```
var a = 1;
a = a+1;
```

上面代码中的 a=a+1 语句中使用了两个运算符,分别为赋值运算符和加法运算符,可以将这两个运算符进行复合,例如:

```
a+=1;
```

a+=1 与 a=a+1 的作用完全一样。表 2-2 列出了常用的复合运算符。

表 2-2 常用的复合运算符

运算符	意义
+=	复合加运算符
-=	复合减运算符
/=	复合除运算符
*=	复合乘运算符
~/=	复合整除运算符
%=	复合取余运算符
<<=	复合左移运算符
>>=	复合右移运算符
&=	复合按位与运算符
^=	复合按位异或运算符
|=	复合按位或运算符

表 2-2 所列举的运算符中也包含复合的逻辑运算与位运算符。关于逻辑运算和位运算符,我们会在后面介绍。复合运算符只是将它们的运算结果又赋值给了所运算的变量。

2.4.5 逻辑运算符

逻辑运算符是针对布尔值进行运算的运算符。我们知道,布尔值只有两种:true 和 false。逻辑运算符所适用的操作数也只有 true 或者 false。

"!"被称为逻辑非运算符，进行逻辑非运算，它是一个前置运算符，且只有一个操作数，当操作数为布尔值 true 时，运算结果为布尔值 false，当操作数为布尔值 false 时，运算结果为布尔值 true。例如：

```
print(!false);//true
print(!true);//false
```

"||"被称为逻辑或运算符，进行逻辑或运算。逻辑或运算遵守下面的运算规则：
（1）当两个操作数中至少有一个操作数为 true 时，运算结果为 true。
（2）当两个操作数都为 false 时，运算结果才为 false。

示例代码如下：

```
print(false||false);//false
print(false||true);//true
print(true||false);//true
print(true||true);//true
```

"&&"被称为逻辑与运算符，进行逻辑与运算。逻辑与运算遵守下面的运算规则：
（1）当两个操作数中至少有一个操作数为 false 时，运算结果为 false。
（2）当两个操作数都为 true 时，运算结果为 true。

示例代码如下：

```
print(false&&false);//false
print(true&&false);//false
print(false&&true);//false
print(true&&true);//true
```

2.4.6 位运算符

位运算符是对二进制位进行操作的运算符。在计算机中，所有的数据存储实际上采用的都是二进制。计算机元器件的高低电位对支持二进制计数有着先天的优势，对于二进制，每一个数位只有 0 或 1 两种情况，逢二进一。例如，十进制数 10 使用二进制表示为 1010。

"&"用来进行按位与运算。所谓按位与运算，是指将两个运算符的每一个二进制位分别进行与运算，即若两个对应二进制位都为 1，则运算结果为 1，否则为 0。例如，将 10 与 3 进行按位与运算，结果为 2：

```
var a = 10; //二进制 1010
var b = 3;  //二进制 0010
print(a&b);//2  即二进制 0010
```

"|"用来进行按位或运算。与按位与运算一样，按位或运算将两个运算数的每个二进制位分别进行或运算，若两个对应二进制位有一个为 1，则运算结果为 1，否则运算结果为 0。例如，将 10 与 4 进行按位或运算，结果为 14：

```
var c = 10; //二进制 1010
var d = 4;  //二进制 0100
```

```
print(c|d);//14    即二进制1110
```

"~"用来进行按位非运算。按位非运算是一个前置的单元运算符，其只有一个操作数，对操作数的每一个二进制位进行取反，即为 0 的位运算后结果为 1，为 1 的位运算后结果为 0。例如，将 4 进行按位取反运算，结果为-5：

```
var e = 4;    //00000100
print(~e);    //11111011     以补码表示 原码为 00000101 且为负数 即-5
```

理解按位非运算之前，首先需要了解在计算机中负数的表示方法。正数是用其二进制的原码来表示，而负数则是使用补码的方式，即首先将负数的绝对值转换成二进制，然后进行按位取反操作，最后加 1。例如-5 的绝对值为 5，二进制表示为 00000101，按位取反后为 11111010，加 1 后为 11111011，这个数就是计算机内存中-5 的表达形式，当需要取数时，会将首位作为符号位，首位为 1，则表示为负数，首位为 0，则表示为正数，然后根据正数和负数的不同规则将二进制码转换成真正的数值。

"^"用来进行按位异或运算。关于按位异或运算，只需要牢记进行运算的两个数位相同时，运算结果为 0，否则运算结果为 1 即可，即两个二进制位都为 0 或者都为 1 时，运算结果为 0，否则运算结果为 1。例如：

```
var f = 3; // 0011
var g = 5; // 0101
print(f^g);// 0110    十进制 6
```

"<<"用来进行按位左移运算，即将每一个二进制位向左移动指定位数。对于二进制数据，一个很重要的特点是每左移一位，会使原数值进行乘 2 操作，例如：

```
var h = 3;//0011
print(h<<1);//0110    十进制 6
```

同样，">>"用来进行按位右移操作，例如：

```
var i = 4;//0100
print(i>>1);// 0010    十进制 2
```

2.4.7 条件运算符

条件运算符与流程控制语句中的条件语句作用很像。这是一种更简洁的实现条件逻辑的方式。首先来看如下代码片段：

```
main() {
    var a = 3;
    var b = 5;
    var res = a>b ? "a>b" : "a<=b";
    print(res);//a<=b
}
```

运行代码，控制台将输出字符串"a<=b"。我们来逐步分析上面的逻辑，首先定义两个变量 a 与 b，a 的值为 3，b 的值为 5，之后使用条件运算符进行条件逻辑运算，条件运算符"?:"是一个

三元的运算符，其有 3 个操作数，第一个操作数可以是一个布尔值或者运算结果为布尔值的表达式，当这个操作数为 true 时，条件运算的结果为第二个操作数的值，当第一个操作数为 false 时，条件运算的结果为第三个操作数的值。

在实际开发中，很多时候我们需要判断某个变量的值是否为 null，不为 null 的时候再来做某些操作。使用条件运算符的代码如下：

```
var c = null;
print(c==null?"无作为":"额外操作 a:$c");
```

针对这种判空逻辑，可以使用 Dart 中的空条件运算符进行再次简化，示例代码如下：

```
var c = 3;
print(c??"无作为");
```

"??" 是 Dart 中的空条件运算符，其有两个操作数，若第一个操作数为 null，则运算后的值为第二个操作数的值，若第一个操作数为非 null 值，则运算后的值为第一个操作数的值。这个运算符最大的作用是保证运算的结果不为 null 值，通常用来进行安全保证。

空条件运算符也可以和赋值运算符结合组成复合运算符，示例如下：

```
var c = null;
c ??= 0;//与 c = c??0;意义完全一样
```

2.4.8 级联运算符

级联运算符是 Dart 中比较高级的一种运算符，它可以让开发者对某个对象连续地进行一系列操作。这样的好处是可以减少中间变量的生成，并且让开发者更畅快地体验 Dart 编码的乐趣。

级联运算符使用 ".." 表示，在学习之前，我们需要先初步了解一些类的知识。关于类，后面会有专门的章节进行讲解，这里你只需要了解类中属性的相关概念即可。首先，通过前面的学习，我们知道在 Dart 中，整数、浮点数以及字符串都是对象，这些对象是由类构造出来的，类中定义了对象的属性和方法。我们也可以定义自己的类，例如下面定义了一个 People 类：

```
class People {
    String name;
    int   age;
}
```

People 类中分别定义了两个属性：姓名与年龄。在构造类对象后，可以使用点语法来对属性进行赋值，例如：

```
var p = People();
p.name = "珲少";
p.age = 26;
print("name:${p.name},age:${p.age}");//name:珲少,age:26
```

如上面的代码所示，从对象的创建到属性赋值完成使用了 3 行代码，使用级联运算符可以一行代码搞定同样的事情，例如：

```
var p =People()..name="珲少"..age=26;
```

```
    print("name:${p.name},age:${p.age}");
```

简单来说，级联运算符的作用是对对象连续地执行一组操作，操作可以是对对象赋值，也可以是对对象方法的调用，这里不再演示。

2.4.9 点运算符

点运算符用来对对象的属性和方法进行操作。例如对象属性的赋值和获取、对象方法的调用等都使用点运算符来完成，例如：

```
class People {
    String name;
    int    age;
    void printSelf(){
        print("name:${name},age:${age}");
    }
}
main() {
    var p = People();
    p.name = "珲少";
    p.age = 26;
    p.printSelf();//name:珲少,age:26
}
```

如果使用点运算符获取了一个对象中不存在的属性或调用了对象中不存在的方法，就会抛出异常。同样，如果对 null 值使用点运算符也会产生错误，在实际开发中，一个变量是否为 null 往往不能完全确定，在 Dart 中有一种更加完全的对象获取属性或调用方法的运算符：条件成员访问运算符 "?."。这个运算符的作用是，如果所调用的对象是非 null 值，就会正常进行访问，否则返回 null，但是不会产生错误，例如：

```
var c = null;
print(c?.a);//null
```

2.5 Dart 中的流程控制语句

流程控制是一个程序的灵魂，之前我们编写的代码都是顺序执行的，即代码从上到下一行一行地依次执行。在实际开发中，这种顺序执行的程序少之又少，我们往往需要结合使用分支语句、循环语句、中断语句等来实现复杂的逻辑。本节将介绍 Dart 中常用的一些流程控制语句，使用这些语句可以编写出功能更加灵活强大的 Dart 程序。

2.5.1 条件分支语句

条件分支语句是 Dart 中分支语句的一种，当被判定的值或者表达式符合某个条件时，才执行预定的逻辑代码。和许多编程语言类似，Dart 中也使用 if-else 结构作为条件分支语句。示例代码如下：

```
main() {
    var res = true;
    if (res){
        print("成功");
    }
    print("程序结束");
}
```

运行上面的代码，控制台将依次输出字符串"成功"和"程序结束"。如果将 res 变量的值修改为 false，程序就不会执行 if 语句块中的代码，直接执行打印"程序结束"的代码。

上面演示的 if 语句首先需要进行条件的判定，条件必须为布尔值或者返回布尔值的表达式，如果条件成立，就会执行其后紧跟的代码块，否则跳过此代码块。if-else 是一种更为常用的条件分支结构，示例如下：

```
main() {
    var res = false;
    if (res){
        print("成功");
    }else{
        print("失败");
    }
    print("程序结束");
}
```

上面的代码首先会对 if 后面的条件进行判定，如果条件成立，就执行 if 后面代码块中的代码，如果不成立，就执行 else 后面代码块中的代码。也就是说，在 if-else 结构中，总有一个代码块会被执行。对应的，还有另一种 if-else 的变体结构，示例如下：

```
var n = 79;
if(n<60){
    print("不及格");
}else if(n<85){
    print("良好");
}else if(n<100){
    print("优秀");
}else{
    print("满分");
}
```

if-else if-else 结构可以进行多级条件判断，从第一个 if 判定条件开始，如果条件成立，就直接执行其后的代码块，如果不成立，就继续向后进行下一个 if 条件的判定，如果所有判定条件都不成立，最终会执行最后的 else 中的代码。当然，最后一个 else 代码块可以省略。

一个完整的程序往往需要有和用户进行交互的能力，和用户交互实际上就是让用户做出选择，条件语句的作用就是根据用户的响应来使程序做出不同的反应，实现程序的智能化。

2.5.2 循环语句

和人脑相比，计算机的最大优势在于其可以非常迅速地完成大量且重复的计算。循环语句的作用就是将某段代码重复地执行。首先，我们思考一个问题，如何编写代码计算 1+2+…+100 这个算式的值。你可能马上就能答出来，这不就是一个等差数列求和的问题，使用公式很容易计算出来：

```
main() {
    var res = (1+100)*100/2;
    print(res);//5050
}
```

没错，这正是人脑相较于计算机最大的优势，人脑善于总结、归纳以及推导出方法，而计算机则善于循规蹈矩地做重复大量的工作。使用循环语句可以不依赖公式进行大量等差数值求和运算，示例如下：

```
var x = 1;
var total = 0;
while(x<=100){
    total+=x;
    x++;
}
print(total);
```

本小节我们一起来学习 Dart 中循环语句的用法。

Dart 支持 4 种类型的循环，以上代码中的 while 循环是最为简单的一种，其 while 关键字后面的小括号中需要填入要判定的条件表达式或布尔值变量。当判定为 true，即条件成立时，会执行循环体中的代码块，当代码块执行完成后，程序会回到 while 条件判定处，再次判定条件是否成立，如果成立，就继续执行循环体内的代码块，如此循环，直到条件不再成立为止。因此，对于 while 循环结构，一般会在循环体中修改判定条件，否则程序会陷入无限循环，永远无法跳出 while 循环结构。

while 语句还有一种变种，叫作 do-while，它的结构如下：

```
do{
循环体
}while(条件);
```

do-while 结构和 while 结构的区别在于：while 语句会首先进行循环条件的判定，如果不满足，就不再执行循环体，满足条件才会进行循环；而 do-while 语句则是首先执行一次循环体中的代码，之后进行循环条件的判定，如果满足，就继续执行循环体，如果不满足，就跳出循环，例如：

```
do{
    total+=x;
    x++;
}while(x<=100);
```

for 循环也是一种非常常用的循环结构，并且相对于 while 循环，for 循环的写法更加简洁。使用 for 循环解决同样的累加问题，示例代码如下：

```
var total = 0;
```

```
for(var i =0;i<=100;i++){
    total+=i;
}
```

for 循环的结构如下:

```
for(变量初始化;判定条件;完成循环体后的操作){
    循环体
}
```

在 for 关键字后的小括号中需要填入 3 个表达式,其中第 1 个表达式用来初始化循环变量,这个变量用来控制循环执行的次数;第 2 个表达式为循环的判定条件,不满足条件时会跳出循环;第 3 个表达式会在每次循环体执行结束后执行,一般用来对循环变量进行操作。

很多时候,我们使用循环语句都是用来对集合对象进行遍历的,例如下面的代码会将列表中所有的元素依次进行打印:

```
var col = [1,2,3,4];
for(var i = 0;i<col.length;i++){
    print(col[i]);
}
```

对于集合类型对象的遍历,for-in 循环是一种更加快速的方式。for-in 语句也被称为迭代语句,专门用来进行集合遍历,例如:

```
var col = [1,2,3,4];
for(var number in col){
    print(number);
}
```

for-in 语句的结构如下:

```
for(变量 in 集合){
循环体
}
```

在 for-in 语句中,in 关键字前为对象变量,每次循环后都会将集合中遍历出的元素赋值给这个变量,in 关键字后为要进行遍历的集合,集合中的元素会被依次取出赋值给对象变量,并执行循环体中的代码。

2.5.3 中断语句

中断语句常常与循环语句配合使用,中断语句的用途是提前中断循环。对于 2.5.2 小节的等差数列累加问题,使用下面的代码也可以很好地解决:

```
main() {
    var i = 1;
    var res = 0;
    while(true){
        res+=i;
        i++;
```

```
        if(i>100){
            break;
        }
    }
    print(res);//5050
}
```

上面的 break 语句就是中断语句,当代码执行到 break 语句时,会直接跳出当前的循环执行后面的代码,因此即使我们不对循环的判定条件进行操作,在循环过程中也很容易结束循环。

Dart 中还提供了一个很常用的中断语句:continue 语句。break 语句会直接跳出本层循环,执行循环后面的代码,而 continue 语句则是跳过本次循环后,还会进行循环条件的判定,如果条件依然满足,就会继续执行循环。示例代码如下:

```
//下面的循环将不会输出任何信息,直接被跳过
for(var j=0;j<3;j++){
    if(j==0){
        break;
    }
    print(j);
}
//下面的循环的第一次循环将会被跳过,之后正常,将输出 1 2
for(var j=0;j<3;j++){
    if(j==0){
        continue;
    }
    print(j);
}
```

break 中断语句,其也可以在多分支选择结构中使用,用来命中某个分支后跳出整个结构。在 2.5.4 小节中,我们会介绍多分支选择语句的使用。

2.5.4　多分支选择语句

其实多分支选择语句可以完成的工作使用 if-else 语句都可以完成,但是在某些场景下,使用多分支选择语句 switch-case 能够写出更加整齐规则的代码。在学习 if-else 语句时举过一个小例子,以学生的分数来划分学生的成绩段,代码如下:

```
var s = 90;
if(s<60){
    print("不及格");
}else if(s<75){
    print("及格");
}else if(s<85){
    print("良好");
}else{
    print("优秀");
}
```

假如现在我们需要把上面代码的逻辑反过来,根据学生的成绩来输出学生的分数段,使用 switch-case 语句编写如下:

```
var ar = "优秀";
switch(ar){
    case "不及格":
    {
        print("成绩在 60 分以下");
    }
    break;
    case "及格":
    {
        print("成绩在 60-75 分");
    }
    break;
    case "良好":
    {
        print("成绩在 75-85 分");
    }
    break;
    case "优秀":
    {
        print("成绩在 85 分以上");
    }
    break;
}
```

运行上面的代码,将输出"成绩在 85 分以上"。switch-case 语句的作用是用来进行条件的匹配,switch 关键字后面填写要进行匹配的变量,之后列举 case 语句进行匹配,如果匹配成功,就会执行对应的 case 代码块。需要额外注意,每一个 case 块的结尾都需要使用 break 语句进行中断,否则运行时会有异常产生。

由于 switch-case 进行精准的值匹配,要进行匹配的 case 语句也有限,因此可能会出现所有 case 语句都没有匹配的情况,这时会跳过 switch-case 结构执行后面的代码,如果需要提供默认的处理逻辑,就可以在 switch 结构中添加 default 块,代码如下:

```
var ar = "满分";
switch(ar){
    case "不及格":
    {
        print("成绩在 60 分以下");
    }
    break;
    case "及格":
    {
        print("成绩在 60-75 分");
    }
    break;
    case "良好":
    {
```

```
            print("成绩在 75-85 分");
        }
        break;
        case "优秀":
        {
            print("成绩在 85 分以上");
        }
        break;
        default:
        {
            print("输入异常!! ");
        }
}
```

上面的代码所有的 case 语句都没有匹配上,这时默认会执行 default 代码块中的代码。

2.5.5　异常处理

任何代码都有产生异常的可能,程序的逻辑越复杂、代码量越大,产生异常的可能性也越大。在编写代码时,我们不能强求没有异常产生,而是要将注意力放在产生异常后的处理工作。

大部分的程序都需要和用户进行交互,和用户交互的基础是接收用户的操作输入,而对于用户的操作开发者往往是不可预料的,因此在编写代码时,我们要时刻注意对用户输入的数据进行限制,当用户输入了错误的数据时,让程序中断掉。

在编写代码时,当我们调用了错误的方法或者用错了变量的类型时,程序会中断,并将异常信息打印出来。其实,我们也可以自己产生和抛出异常,例如下面的代码:

```
main() {
    var a = -10;
    if(a<0){
        throw "输入有误";
    }
    print("程序完成");
}
```

假设上面代码中的变量 a 为用户输入的数据,程序之后会使用这个数据进行后续处理,但是要保证数据 a 的值大于 0。此时,如果发现输入的 a 小于 0,就使用 throw 关键字抛出异常,运行代码,控制台会输出如下文本:

```
Unhandled exception:
输入有误
```

上面输出的意思是产生了未处理的异常,程序提前中断,并且将异常对象打印了出来。前面抛出的异常对象为字符串"输入有误",其实要抛出的异常对象可以是任意类型的对象。更通用的做法是通过定义异常类来封装异常,异常类中有具体的异常原因、类型、错误码等信息。

当程序运行到 throw 抛出异常语句时,会中断掉,这往往会造成很差的用户体验。一个完整的应用程序可能不止一个功能,因为一个小功能的异常而造成整个应用程序无法工作是非常不明智的。在 Dart 中,提供了对异常进行捕获的方法,开发者可以选择对捕获到的异常进行处理,也可以忽略它，如果进行了异常捕获，程序就不会中断。使用 try 语句进行异常的捕获，示例代码如下：

```
main() {
    var a = -10;
    try{
        if(a<0){
            throw "输入有误";
        }
    }on int{
        print("捕获了整数类型的异常");
    }on String{
        print("捕获了字符串类型的异常");
    }
    print("程序完成");
}
```

再次运行代码，可以看到程序完整运行到了最后。

try 结构有这样的特点，首先其后面的代码块中需要将可能产生异常的代码放入，可以是几行代码，也可以是函数，等等。如果这些代码在执行时抛出异常，就会将异常捕获，并根据异常的类型将其分配入指定的处理模块。try 结构块后面跟随的 on 语句用来指定要捕获的异常类型，例如，如果抛出的异常是字符串类型的对象，就会进入 on String 对应的代码块继续执行代码，这里面我们可以根据实际情况来进行异常的处理，完成后程序会继续向后执行。如果需要获取具体的异常对象，就可以使用 catch 语句来捕获，示例如下：

```
main() {
    var a = -10;
    try{
        if(a<0){
            throw "输入有误";
        }
    }on int{
        print("捕获了整数类型的异常");
    }on String catch(exp){
        print("捕获了字符串类型的异常:$exp");
    }
    print("程序完成");
}
```

运行上面的代码，将输出"捕获了字符串类型的异常：输入有误"。catch 语句后面的括号中也可以将异常的堆栈信息捕获到，catch 括号后面的第一个参数为异常对象，可以添加第二个参数来获取堆栈信息，代码如下：

```
main() {
    var a = -10;
    try{
        if(a<0){
            throw "输入有误";
        }
    }on int{
```

```
        print("捕获了整数类型的异常");
    }on String catch(exp,st){
        print("捕获了字符串类型的异常:$exp\n$st");
    }
    print("程序完成");
}
```

即使捕获到异常，开发者也可以根据实际情况决定是处理、忽略还是继续将异常抛出，如果需要继续抛出异常，那么使用 rethrow 关键字即可，对于函数在嵌套调用中产生的异常，常常会用这个关键字来传递异常。rethrow 的示例代码如下：

```
main() {
    var a = -10;
    try{
        if(a<0){
            throw "输入有误";
        }
    }on int{
        print("捕获了整数类型的异常");
    }on String catch(exp,st){
        print("捕获了字符串类型的异常:$exp\n$st");
        rethrow;//继续抛出异常
    }
    print("程序完成");
}
```

try-catch 结构的最后还可以追加一个 finally 块，finally 块的作用是无论异常是否产生，也无论是否捕获，最终都会执行该代码，例如：

```
main() {
    var a = -10;
    try{
        if(a<0){
            throw "输入有误";
        }
    }on int{
        print("捕获了整数类型的异常");
    }on String catch(exp,st){
        print("捕获了字符串类型的异常:$exp\n$st");
        // rethrow;
    }finally{
        print("异常处理结束");
    }
    print("程序完成");
}
```

finally 块通常用来执行数据清理相关操作。

第 3 章

Dart 高级进阶

通过第 2 章的学习，相信你对 Dart 语言已经有了初步的认识。如果你愿意，那么可以使用 Dart 语言来编写一些简单的小程序，例如编写帮你进行大量数学计算的简易计算器程序，可以在控制台打印出漂亮图形的内容输出程序，等等。但是，尽管我们已经可以初步使用 Dart 语言，但是和生活中使用到的应用程序相比，目前我们所能编写的程序始终显得单薄。其实，我们了解到的内容只是 Dart 编程世界中的冰山一角，在实际开发中，更多使用到的是 Dart 面向对象部分的特性。

面向对象开发是一种编程思想，与之相对的是面向过程开发。面向过程强调的是代码的逻辑过程，编写出的代码简洁、目的性强、逻辑聚合，适用于编写科学计算类的相关程序。而面向对象则不同，其强调的是封装与抽象，并且会极力模拟生活中的实际事物，这种方式开发的程序扩展性、维护性都很强，实际生活中的应用大部分都是采用面向对象的思想开发而来的。

本章将进入 Dart 更高级内容的学习。

通过本章，你将学习到：

- 函数的使用
- 定义类与使用类
- 方法与构造方法
- 使用 Setters 与 Getters 方法
- 理解抽象方法与抽象类
- 对类进行扩展
- 可调用类的定义
- 使用模块
- 使用异步编程技术
- 使用注释与文档

3.1 使用函数

函数是编程中最伟大的发明。有了函数，我们可以将复杂的问题简单化，将庞大的程序分解开。函数使得代码复用真正实现，并且在其基础上产生了更加面向应用的编程方式。本节我们就来学习 Dart 中函数的应用。

3.1.1 关于 main 函数

任何 Dart 应用程序都需要有一个 main 函数作为整个应用程序的入口。我们之前编写的所有程序都有一个 main 函数，main 函数不一定要在程序的开头，但是它一定会作为程序的入口，在 main 函数中，我们可以编写逻辑代码，也可以调用其他函数。

在数学中，函数代表了一种运算规则，函数有定义域、值域和映射关系 3 要素。在编程中，函数的概念与数学中函数的概念相差不多，也有 3 要素，分别为参数、返回值和函数体。任何一个函数都由这 3 部分组成，在平时编写 main 函数时，我们隐藏了返回值并且忽略了参数，一个完整的 main 函数编写如下：

```
void main(List<String> argus) {
    print(argus);
}
```

可以发现，main 函数其实是一个返回值是 void 并且有一个字符串列表参数的函数。我们之前运行 Dart 代码时，从没有向 main 函数中传递过参数，其实可以传递任意个字符串参数进去，可以在终端使用 Dart 工具来执行上面的 main 函数，并且进行参数的传递，代码如下：

```
dart func1.dart 珲少 hello
```

执行指令后，终端会输出接收到的参数列表：[珲少, hello]。

3.1.2 自定义函数

Dart 系统库为我们编写了许多常用的函数。例如，在学习数据类型的时候，每一种数据类型中都封装有对应的函数，通过这些函数我们可以方便地实现一些通用的功能。但是 Dart 并不是万能的，它只能提供基础的工具，要打造出精美的应用，除了要使用这些基础的工具外，必要的时候还需要借助别人创造的工具或者使用自己创造的工具。

函数就是 Dart 中基础的工具，自定义函数也很简单，只要把握住函数的 3 要素即可，格式如下：

```
返回值 函数名(参数组){
    函数体
}
```

可以编写一个简单的加法器函数，代码如下：

```
num addFunc(num a,num b){
    return a+b;
}
```

这是一个有两个 num 类型的参数并且返回值为 num 类型的函数，a 和 b 为传递进函数的参数名，在函数体内可以通过参数名来获取参数的值进行使用，通过函数体的运算后，使用 return 语句将结果返回。在 main 函数中对自定义的函数体进行调用，代码如下：

```
main() {
    var res = addFunc(3,6);
    print(res);//9
}
```

通过函数名加小括号的方式可以对函数进行调用，小括号中可以传递函数所需的所有参数。需要注意，在调用函数时，传递进函数的参数个数与类型必须和函数定义的参数个数和类型完全一致，数量不符或类型不匹配都会产生错误。

其实 Dart 是一门真正的面向对象语言，也就是说，不论是字符串、数值、布尔值还是函数，在 Dart 中都一视同仁，它们都是对象。因此，它们都有对象的行为和特性，你可以将函数对象赋值给一个变量，或者将函数对象作为参数传递给另一个函数，例如：

```
main() {
    var add = addFunc;
    var res = add(3,6);//通过变量来调用函数
    print(res);//9
}
```

虽然我们说，函数 3 要素是函数的关键，但是 Dart 语言提供了极简的编程方式和极畅快的编程体验，因此无论是返回值的类型还是参数的类型，在定义函数时都可以省略。Dart 会根据传入参数和 return 语句返回的值来自动匹配类型，对于开发者来说，这是一个非常好用的特性，例如：

```
main() {
    var add = addFunc;
    var res = add("3","6");//通过变量来调用函数
    print(res);//字符串 36
}
addFunc( a, b){
    return a+b;
}
```

如果你觉得上面定义函数的形式还不够简洁，没关系，Dart 中还提供了箭头函数，若某个函数的函数体只有一句语句（就如上面的 addFunc 函数），则使用箭头函数只需要一行代码即可定义，示例如下：

```
num addFunc2(num a,num b)=>a+b;
```

也可以将参数类型和返回值类型省略，示例如下：

```
addFunc2(a,b)=>a+b;
```

箭头函数的格式如下：

返回值 函数名(参数)=>函数体语句

和普通函数一样，返回值和参数的类型都可以省略，并且唯一的一个函数体语句执行的结果会被当作返回值返回。

3.1.3 定义可选参数的函数

对于前面我们所编写的函数，在调用时，其传入的参数个数与类型必须与函数定义的一致。这种要求在实际开发中通常会稍显严格，有的时候，我们编写的函数的参数并非都是必须传入的，Dart 函数提供位置可选参数与名称可选参数两种方式来定义可选参数的函数。

可选参数是指在调用函数时，某个参数是可选的，即调用者可以选择传入此参数，也可以选择不传入。在 Dart 中，可选参数分为名称可选参数和位置可选参数。对于名称可选参数，函数的定义格式如下所示：

返回值类型 函数名({参数列表}){
  函数体
}

和前面我们所学习的函数唯一不同的地方在于参数列表被放入了大括号中。对于名称可选函数，其返回值类型和参数类型也可以省略。下面是一个名称可选参数函数的示例：

```
main() {
    myFunc(age:26,name:"珲少");
}
myFunc({String name,int age}){
    if(name!=null){
        print("名字是: ${name}");
    }
    if(age!=null){
        print("年龄是: ${age}");
    }
}
```

muFunc 函数中定义了两个参数，分别表示姓名和年龄，这两个参数都是可选的，在调用的时候，我们需要使用参数名加冒号的方式来进行参数的传递，参数的先后顺序并不重要，并且调用者也可以选择只传一部分参数或者不传参数，函数在执行时都不会产生错误。

位置可选参数函数是指函数某个位置的参数是可选的，即调用者可以选择传这个参数，也可以选择不传这个参数。位置可选参数函数更加简单，其只需要将可选的参数放入中括号中即可，例如：

```
myFunc2(String name ,[int age]){
    if(name!=null){
        print("名字是: ${name}");
    }
    if(age!=null){
```

```
        print("年龄是：${age}");
    }
}
```

myFunc2 函数定义了两个参数，其中第一个参数是必选的，调用者必须传这个参数，表示年龄的 age 参数则是可选的，例如下面的代码调用这个函数完全正确：

```
myFunc2("珲少");
```

有了可选参数函数，我们编写 Dart 程序时将有更大的灵活性，这只是 Dart 中函数功能强大的一方面，在 3.1.4 节中，我们将介绍可选参数的默认值，可选参数配合默认值一起使用，不仅使函数非常灵活，也使其安全性得到了保证。

3.1.4　函数可选参数的默认值

可选参数的函数在调用时，如果调用者没有传入某个参数，函数中获取到的此参数值就为 null，例如：

```
main() {
    //名字是：珲少
    //年龄是：null
    myFunc2("珲少");
}
myFunc2(String name ,[int age]){
    if(name!=null){
        print("名字是：${name}");
    }
    print("年龄是：${age}");
}
```

在定义可选参数函数时，我们也可以为这些可选的参数设置一个默认值，设置默认值后，如果调用者没有传入这个参数，函数内就会使用此参数的默认值。名称可选参数函数设置默认值的方式如下：

```
myFunc({String name="未知",int age=0}){
    if(name!=null){
        print("名字是：${name}");
    }
    if(age!=null){
        print("年龄是：${age}");
    }
}
main() {
    //名字是：未知
    //年龄是：0
    myFunc();
}
```

位置可选参数函数设置默认值的方式如下：

```
main() {
    //名字是：珲少
    //年龄是：26
    myFunc2();
}
myFunc2([String name="珲少" ,int age=26]){
    print("名字是: ${name}");
    print("年龄是: ${age}");
}
```

在定义可选参数函数时，我们应尽量为其提供一个默认值，默认值可以使函数的执行更加可控，程序的执行更加安全。

3.1.5 匿名函数

我们知道，通过函数名可以进行函数的调用，然而并非所有函数都有名字，在 Dart 中，没有名字的函数被称为匿名函数。匿名函数可以直接赋值给变量，通过变量来进行函数的调用，也可以通过匿名函数来创建自执行的函数，例如：

```
var func = (a,b){
    return a+b;
};
main() {
    var res = func(1,5);
    print(res);
    (name){
        print("hello ${name}! ");
    }("珲少");
}
```

上面的示例代码中，func 变量被赋值成一个函数对象，在 main 函数中使用 func 变量进行了函数的调用，main 函数中还定义了一个自执行匿名函数。所谓自执行函数，是指函数的创建和执行一步完成，其和正常的函数一样，自执行函数可以有参数，也可以有返回值。其实对于自执行函数，除了可以将某些逻辑聚成一个代码块外，其更大的作用是会生成一个新的内部作用域，内部作用域可以防止外部变量对作用域内变量的污染，也可以防止在同一个作用域中产生太多的变量。关于作用域的相关内容在 3.1.6 小节介绍。

3.1.6 词法作用域

所谓作用域，其实指的就是变量的有效范围，在 Dart 中，大括号会生成作用域，也就是说，条件结构、循环结构、函数等都会生成作用域。在作用域内声明或定义的变量，出了作用域就被销毁并且无法使用，例如：

```
main() {
    if(true){
        var a = 1;
```

```
    }
    print(a);//报错 未定义变量
}
```

但是,外层作用域中的变量是可以在内层作用域中使用的,例如:

```
main() {
    var a = 1;
    if(true){
        print(a);//1
        a= 2;
    }
    print(a);//2
}
```

在 Dart 中,作用域是可以防止变量污染的,如果在内层作用域中声明了和外层作用域中名字一样的变量,内层作用域中就不能再使用外层作用域的变量,示例如下:

```
main() {
    var a = 1;
    if(true){
        print(a);//报错
        var a = 2;
    }
}
```

3.1.7 关于闭包

闭包也是函数,它是函数在一种特殊场景下的应用。3.1.6 小节我们了解了词法作用域的基本知识,正常情况下,变量离开其作用域就会失效,但闭包是一种特殊情况。

闭包是一个函数对象,其特点是当变量离开其作用域后依然可以被函数内部使用,例如:

```
main() {
    var close = func("珲少");
    print(close());//Hello 珲少
}
func(name){
    return ()=>"Hello ${name}";
}
```

上面的示例代码中,func 函数会返回一个匿名函数,这个匿名函数就是闭包,在调用函数时,我们传入了一个字符串参数 name,仅从词法作用域来看,name 变量只能在函数 func 内使用,出了作用域就会失效。在示例代码中,特殊的是 func 函数返回了一个新的函数,这个函数中对 name 变量进行了引用,这时这个新的函数就变成了闭包,其会对使用到的变量进行拷贝,即使 func 函数结束,离开了原 name 参数变量的作用域,闭包中引用的变量依然有效。

闭包是一种非常常用的语法结构,在实际开发中,我们也经常会使用到它。虽然闭包的概念略微有些难以理解,但是应用十分简单,我们可以在后面的实际应用中再深刻理解它。

3.2 Dart 中的类

Dart 是一门基于类和继承的面向对象语言，讲到对象，我们就不得不谈类。对象是类的实例，对象也是由类构造出来的，更通俗地讲，我们可以把类理解为对象的模板，在类中定义了对象的属性和方法。

3.2.1 自定义类与构造方法

我们之前在 Dart 中使用的任何数据类型其实都是类，包括描述整数的 int 类、描述浮点数的 double 类、描述字符串的 string 类等。在开发中，我们可以根据实际需要定义自己的类，在 Dart 中，使用 class 关键字进行类的定义，示例如下：

```
class Circle {
    //半径
    double radius;
    //圆心 X
    double centerX;
    //圆心 Y
    double centerY;
}
```

上面我们简单定义了一个圆形类，其中定义了 3 个属性，分别描述圆的半径和圆心的 X、Y 坐标。尽管我们没有给这个圆形类定义任何方法，但它已经是一个完整的自定义类了，我们可以通过它构造圆形对象来存储数据。

通过类创建对象需要调用类的构造方法，类的构造方法通常与类名一致，也可以定义独立名称的构造方法，但是依然需要通过类名来调用。当我们定义完一个类时，Dart 默认会生成一个没有参数的构造方法，我们可以直接通过类名进行调用，例如：

```
main() {
    var circle = new Circle();//构造圆形对象
    circle.radius = 3;
    circle.centerX = 1;
    circle.centerY = 1;
}
class Circle {
    //半径
    double radius;
    //圆心 X
    double centerX;
    //圆心 Y
    double centerY;
}
```

类实例中封装的属性可以通过点语法来进行访问，可以进行属性值的设置，也可以进行属性值的读取。在默认情况下，如果没有对实例的某个属性进行过赋值，此属性的值就为 null。但是，在进行类的定义时，也可以为属性提供默认值，例如：

```
class Circle {
    //半径
    double radius = 0;
    //圆心 X
    double centerX = 0;
    //圆心 Y
    double centerY = 0;
}
```

构造方法是类的实例对象生成过程中的重中之重。Dart 默认提供的构造方法虽然可以完整地构造出对象，但是其中定义的属性都为 null 值或默认值。我们也可以通过实现构造方法来干预对象生成的过程，例如：

```
class Circle {
    //半径
    double radius = 0;
    //圆心 X
    double centerX = 0;
    //圆心 Y
    double centerY = 0;
    //构造方法
    Circle(double radius,double centerX,double centerY){
        this.radius = radius;
        this.centerX = centerX;
        this.centerY = centerY;
    }
}
```

如上所示，重写的构造方法中定义了 3 个参数，分别对应圆形的半径和圆心点 X、Y 坐标。在使用 Circle 类构造对象时，需要将指定的参数传入，例如：

```
var circle = new Circle(6,1,1);//使用参数构造圆形对象
```

有一点需要额外注意，一旦重写了构造方法，默认的无参构造方法将不再可用。在上面的构造方法中，this 关键字指的就是当前实例对象，构造方法的实质是将对象属性的赋值过程由外界封装到类的内部。

在 Dart 中，关于构造方法的编写还有一个小技巧，一般情况下，我们可以直接将构造方法定义成如下模样，Dart 会自动进行参数和属性的匹配，进行赋值，非常方便。

```
main() {
    var circle = new Circle(6,1,1);//使用参数构造圆形对象
    print(circle.radius);//6.0
}
class Circle {
    //半径
    double radius = 0;
```

```
    //圆心 X
    double centerX = 0;
    //圆心 Y
    double centerY = 0;
    //构造方法
    Circle(this.radius,this.centerX,this.centerY);
}
```

有时，一个类需要有多个构造方法，比如自定义的圆形类，很多时候需要快速创建出单位圆（圆心为坐标原点、半径为 1 的圆）。这时，就可以定义一个便捷的构造方法帮助我们直接生成单位圆，这类构造方法也被称为命名构造方法，示例如下：

```
main() {
    var circle2 = Circle.standard();
    print(circle2.radius);//1
}
class Circle {
    //半径
    double radius = 0;
    //圆心 X
    double centerX = 0;
    //圆心 Y
    double centerY = 0;
    //构造方法
    Circle(this.radius,this.centerX,this.centerY);
    //命名构造方法，单位圆
    Circle.standard(){
        this.radius = 1;
        this.centerX = 0;
        this.centerY = 0;
    }
}
```

命名构造方法通常用来快速地创建标准对象，同样，命名构造方法也可以有参数，并且只要参数名与类中定义的属性名一致，也可以使用 Dart 自动匹配赋值的特性。

在 Dart 中，类还有一个强大的功能是支持继承，关于继承的内容后面会详细介绍，但是这里你需要牢记，构造方法不会被继承。

3.2.2 实例方法

类封装了属性和方法，属性用来存储描述类的数据，方法用来描述类的行为。在面向对象编程中，生活中的事物都可以模拟成程序中的对象，例如一个教务系统软件中一定有教师相关信息，每一位教师都是一个教师对象，可以创建教师类来描述教师对象，示例代码如下：

```
class Teacher {
    String name;
    int number;
    String subject;
```

```
    Teacher(this.name,this.number,this.subject);
    void sayHi(String toName){
        print("Hello ${toName},我是${this.name}老师!编号为${this.number}");
    }
    void teaching(){
        print("${this.name}老师正在进行${this.subject}教学。");
    }
}
```

上面的代码为教师类添加了 3 个属性，name 属性用来描述教师的名字，number 属性用来描述教师的编号，subject 属性用来描述教师教学的课程。除了属性外，还为教师对象添加了 sayHi 方法与 teaching 方法，方法的用法和函数一样，只是在调用时需要用对象来调用，并且方法中会自动将当前对象绑定到 this 关键字上。也就是说，在方法中可以通过 this 关键字获取对象的属性信息，也可以调用其他方法。方法也需要通过点语法来进行调用，例如：

```
main() {
    var teacher = Teacher("珲少",1101,"Dart");
    teacher.sayHi("小明");    //Hello 小明,我是珲少老师!编号为1101
    teacher.teaching();       //珲少老师正在进行 Dart 教学
}
```

类中还有两个非常特殊的方法：Setters 方法与 Getters 方法。Setters 方法用来设置对象属性，Getters 方法用来获取对象属性。其实当我们使用点语法访问对象属性信息时，调用的就是 Setters 方法或 Getters 方法，在定义属性时，Dart 会自动生成默认的 Setters 方法和 Getters 方法。Setters 方法和 Getters 方法的另一大作用是定义附加属性，附加属性也可以理解为计算属性，即这些数据通常不是描述对象的最原始数据，而是通过计算得来的，例如：

```
main() {
    var teacher = Teacher("珲少",1101,"Dart");
    teacher.sayHi("小明");                    //Hello 小明,我是珲少老师!编号为1101
    teacher.teaching();                        //珲少老师正在进行 Dart 教学
    print(teacher.description);                //珲少:Dart
    teacher.description = "Lucy:JavaScript";
    teacher.teaching();                        //Lucy老师正在进行 JavaScript 教学
}
class Teacher {
    String name;
    int number;
    String subject;
    Teacher(this.name,this.number,this.subject);
    void sayHi(String toName){
        print("Hello ${toName},我是${this.name}老师!编号为${this.number}");
    }
    void teaching(){
        print("${this.name}老师正在进行${this.subject}教学。");
    }
    String get description{
        return "${this.name}:${this.subject}";
    }
```

```
    set description(String value){
        this.name = (value.split(":") as List)[0];
        this.subject = (value.split(":") as List)[1];
    }
}
```

上面的代码中，description 就是附加属性，其并没有真正占用内存空间进行存储，而是通过其他属性计算而来的。

3.2.3 抽象类与抽象方法

抽象类是面向对象开发中较为难理解的一点。在 Dart 中，抽象类中可以定义抽象方法。所谓抽象方法，是指只有定义却没有实现的方法，抽象是面向接口开发的基础。以生活中汽车产品的生产为例，一辆完整的汽车的生产往往需要多个厂家合作，例如发动机生产厂家、轮胎生产厂家、门窗内设生产厂家等。不同的厂家生产的配件若要完美地组合成一辆汽车，则必须遵守统一的标准，也可以理解为按照实现的协议进行生产。在编程中也是这样的，一个复杂的程序可能需要很多开发者甚至多个部门进行配合开发，每个开发者或部门负责一个模块，而模块之间又可以进行交互与连通，这时在程序真正编写前，我们就需要先约定协议、制定接口。

现在你应该理解了，抽象类实际上就是一个接口，接口中定义了未实现的方法告诉调用者：如果有类实现了这个接口，这个类就拥有接口所描述的功能。例如，我们可以为教师类定义一个接口，示例如下：

```
abstract class TeacherInterface {
    void teaching();
}
```

上面的 TeacherInterface 接口中只定义了一个抽象方法，Teacher 类可以对这个接口进行实现，示例代码如下：

```
abstract class TeacherInterface {
    void teaching();
}
class Teacher implements TeacherInterface {
    String name;
    int number;
    String subject;
    Teacher(this.name,this.number,this.subject);
    void sayHi(String toName){
        print("Hello ${toName},我是${this.name}老师！编号为${this.number}");
    }
    void teaching(){
        print("${this.name}老师正在进行${this.subject}教学。");
    }
}
```

一个类也可以同时实现多个接口，例如再定义一个人类接口，示例如下：

```
abstract class TeacherInterface {
```

```
        void teaching();
}
abstract class PeopleInterface {
    void sayHi(String name);
}
class Teacher implements TeacherInterface,PeopleInterface {
    String name;
    int number;
    String subject;
    Teacher(this.name,this.number,this.subject);
    void sayHi(String toName){
        print("Hello ${toName},我是${this.name}老师！编号为${this.number}");
    }
    void teaching(){
        print("${this.name}老师正在进行${this.subject}教学。");
    }
}
```

抽象类不可以被实例化，即不能直接使用抽象类来构造实例对象，只能通过实现这个抽象类接口的类或者继承它的子类来实例化对象。关于继承的内容，后面会介绍。

3.2.4 类的继承

继承是类的重要特性。子类继承父类后，可以直接使用父类中定义的属性和方法，并且子类可以对父类的方法进行重写以实现定制化的功能。继承其实很容易理解，现实中的事物为了方便描述与归纳，也会进行分门别类，例如生物界可以分为动物和植物，动物类下面又可以分出鱼类、鸟类等，动物类就是生物的子类，鱼类、鸟类又是动物类的子类。越是上层的类，封装的属性和方法越通用，子类会在父类的基础上进行扩展，增加许多独特的属性和方法。

在 Dart 中，使用 extends 关键字进行类的继承。以教师类为例，我们可以定义一个人类作为其父类，示例如下：

```
main() {
    var teacher = Teacher("珲少",26);
    teacher.sayHi();//Hello
    teacher.teaching();//珲少正在教学
}
class People {
    String name;
    int age;
    People(this.name,this.age);
    void sayHi(){
        print("Hello");
    }
}
class Teacher extends People {
    Teacher(name,age):super(name,age);//构造方法调用父类的构造方法
    void teaching(){
        print("${this.name}正在教学");
```

```
        }
    }
```

如上面的代码所示，Teacher 类直接继承了 People 类的姓名、年龄属性和 sayHi 方法。但是需要注意，构造方法是不会被继承的，在 Teacher 类中可以使用 super 关键字来调用父类的方法，包括构造方法。子类也可以重载父类的方法，并且在重载时可以调用对应的父类方法，例如：

```
class Teacher extends People {
    Teacher(name,age):super(name,age);//构造方法调用父类的构造方法
    void teaching(){
        print("${this.name}正在教学");
    }
    @override
    void sayHi(){
        super.sayHi();
        print("我是${this.name}");
    }
}
```

其中，@override 关键字可以省略，这个关键字的作用仅仅是标注这个方法是子类重载父类的。

3.2.5 运算符重载

我们前面在学习运算符相关内容时了解到，Dart 中的运算符非常灵活，例如加法运算符除了可以用在数值的加法运算外，在字符串对象间使用也可以实现字符串的拼接功能。Dart 中的运算符之所以如此灵活，是由于 Dart 是一门完全面向对象的语言，而运算符的运算实质是方法的调用。因此，我们也可以为自定义的类添加运算符方法，例如：

```
main() {
    var size1 = Size(3,6);
    var size2 = Size(2,2);
    var size3 = size1 + size2;
    size3.desc();//width:5,height:8
}
class Size {
    num width;
    num height;
    Size(this.width,this.height);
    Size operator +(Size size){
        return Size(this.width+size.width,this.height+size.height);
    }
    desc(){
        print("width:${this.width},height:${this.height}");
    }
}
```

上面的代码定义了一个尺寸类 Size，类中定义了宽度与高度两个属性，operator 关键字用来进行运算符的重载，其格式如下：

```
返回值类型 operator 运算符(参数列表){
    函数体
}
```

上面的代码重载了 Size 类的加法运算,当将两个 Size 对象进行相加时,分别将它们的宽度和高度进行相加,并将新的对象返回。

重载运算符非常简单,却是非常强大的一个功能,在 Dart 中支持重载的运算符如表 3-1 所示。

表 3-1 支持重载的运算符

运算符	运算符	运算符
<	+	|
[]	>	/
^	[]=	<=
~/	&	~
>=	%	>>

3.2.6 noSuchMethod 方法

对于非抽象类,当定义了一个没有实现的方法时,代码的运行会产生异常,例如:

```
main() {
    var people = People();
}
class People {
    void sayHi();
}
```

运行上面的代码,控制台会抛出如下的异常信息:

```
Error: The non-abstract class 'People' is missing implementations for these members:
  'sayHi'.
Try to either
 - provide an implementation,
 - inherit an implementation from a superclass or mixin,
 - mark the class as abstract, or
 - provide a 'noSuchMethod' implementation.
class People{
      ^^^^^^
class4.dart:12:7: Context: 'sayHi' is defined here.
    void sayHi();
```

其实,如果一个类实现了某个接口或者继承了某个抽象类,却没有全部实现接口和抽象类中声明的方法,就会产生如上的异常。然而实际开发中,接口或抽象类中的方法有时并不需要全部实现,这时可以选择重载 noSuchMethod 方法,如果重载了这个方法,当对象调用到这些未实现的方法时,就会执行 noSuchMethod 方法,例如:

```
main() {
```

```
    var teacher = Teacher();
    teacher.sayHi();//调用了未实现的方法 Symbol("sayHi")
}
abstract class People{
    void sayHi();

}
class Teacher extends People {
    @override
    void noSuchMethod(Invocation invocation) {
        print('调用了未实现的方法' +
        '${invocation.memberName}');
    }
}
```

需要注意，虽然重载 noSuchMethod 方法可以避免调用未定义方法异常的产生，但是其也会掩盖代码逻辑中的错误，在实际开发时，要尽量少使用这种方式。

3.2.7 枚举类型

枚举是一种特殊的类型，其用来描述有限个数的数据集合。比如前面在定义教师类时，其中定义了一个科目的属性，虽然我们将其定义为字符串类型，但是这并不十分严谨，教师所教学科目的类目是有限的，而且应该是固定的，不会随意增减，对于这种情况，使用枚举非常合适。

```
main() {
    var teacher = Teacher("珲少",Subject.Dart);
    teacher.desc();//珲少:Subject.Dart
}
enum Subject {
    Dart,
    JavaScript,
    ObjectiveC,
    Swift,
    Python
}
class Teacher {
    String name;
    Subject subject;
    Teacher(this.name,this.subject);
    desc(){
        print("${this.name}:${this.subject}");
    }
}
```

enum 关键字用来定于枚举，其实枚举与数组类似，其中的数据也都有下标，从 0 开始，例如：

```
main() {
    var teacher = Teacher("珲少",Subject.Dart);
    teacher.desc();//珲少:Subject.Dart
```

```
        print(teacher.subject.index);//0
}
```

也可以使用 values 属性来获取枚举中所有的值，例如：

```
//[Subject.Dart, Subject.JavaScript, Subject.ObjectiveC, Subject.Swift, Subject.Python]
    print(Subject.values);
```

更多时候，枚举会和多分支语句结合使用，示例代码如下：

```
var teacher = Teacher("珲少",Subject.Dart);
switch(teacher.subject){
    case Subject.Dart:
    {
        print("Dart 老师");
    }
    break;
    case Subject.JavaScript:
    {
        print("JavaScript 老师");
    }
    break;
    case Subject.ObjectiveC:
    {
        print("ObjectiveC 老师");
    }
    break;
    case Subject.Swift:
    {
        print("Swift 老师");
    }
    break;
    case Subject.Python:
    {
        print("Python 老师");
    }
    break;
}
```

3.2.8 扩展类的功能——Mixin 特性

Mixin 是 Dart 中非常强大的一个特性。通过前面的学习，我们知道，Dart 只支持单继承，即子类只能够有一个父类。有的时候，我们需要集合多个类的功能来实现一个复杂的自定义类，就需要使用到 Mixin 特性。

Mixin 从字面来理解为混合的意思，顾名思义，Mixin 的主要作用也是进行混合，其允许一个类将其他类的功能混合进来，例如：

```
main() {
    var bird = Bird("鸟类");
```

```
    bird.desc();//Instance of 'Bird'
}
//动物类作为基类
class Animal {
    String name;
    Animal(this.name);
}
// 用来进行混合的描述类
class Descript {
    desc(){
        print(this);
    }
}
// 动物鸟类
class Bird extends Animal with Descript {
    Bird(name):super(name);
}
```

从控制台的打印信息可以看出，Bird 类已经成功混合了 Descript 类中的功能，可以调用其中定义的方法。

能够进行混合的类被称为 Mixin 类，Mixin 类中不能实现构造方法，否则不能够被其他类进行混合。使用 with 关键字来进行 Mixin 混合，Mixin 支持多混合，例如：

```
main() {
    var bird = Bird("鸟类");
    bird.desc();//Instance of 'Bird'
    bird.sleep();//sleeping
}
class Animal {
    String name;
    Animal(this.name);
}
class Descript {
    desc(){
        print(this);
    }
}
class Sleep {
    sleep(){
        print("sleeping");
    }
}
class Bird extends Animal with Descript,Sleep {
    Bird(name):super(name);
}
```

还有一点需要额外注意，作为 Mixin 的类虽然不能够定义构造方法，但是可以使用默认的构造方法进行实例化，如果不想使 Mixin 类实例化，那么可以使用 mixin 关键字代替 class 关键字来定义 Mixin 类，示例如下：

```
mixin Descript {
    desc(){
        print(this);
    }
}
mixin Sleep {
    sleep(){
        print("sleeping");
    }
}
```

使用 mixin 定义的 Mixin 类不能够被继承，也不能够进行实例化。Mixin 类本身可以进行继承，如果使用 class 关键字进行定义，就和普通类的集成语法一致，如果使用 mixin 关键字进行定义，就使用 on 关键字进行继承，例如：

```
mixin Sleep on Object {
    sleep(){
        print("sleeping");
    }
}
```

> **提 示**
>
> mixin 关键字在 Dart 2.1 版本之后可用。

学习了 Mixin 的基本概念与简单用法，下面我们需要更深入地了解 Mixin 的工作原理，首先观察下面的示例：

```
main() {
    var obj = Sub();
    obj.func();
}
class Father extends Mixin {
    func(){
        print("father func");
    }
}
class Mixin {
    func(){
        print("Mixin fucn");
    }
}
mixin One on Mixin {
    func(){
        print("one func");
    }
}
mixin Two {
    func(){
        print("two func");
    }
```

```
}
class Sub extends Father with One,Two {
    func(){
        print("sub func");
    }
}
```

上面的代码使用到了继承和多混合，并且子类、父类、Mixin 类中都对相同的方法进行了实现，运行代码，控制台会打印出"sub func"。可以看出，无论是 Mixin 还是继承，子类中的方法实现优先级都是最高的，将子类实现的方法去掉，再次运行，控制台将输出"two func"，这说明 Mixin 中方法的优先级要高于父类中方法的优先级，并且在多混合中，后混合的优先级更高。

因此，在对于继承和混合一起使用的复杂场景中，你需要牢记如下两个原则：

（1）当前类中方法的优先级最高。

（2）Mixin 中方法的优先级高于继承父类方法的优先级，并且在混合时，Mixin 从左到右优先级依次增高。

3.2.9 类属性与类方法

前面我们定义类时定义的属性和方法都是针对实例的，即由类的实例对象进行访问或调用。其实，类本身也是一种对象，在类中也可以定义类属性与类方法，使用类名直接进行访问和调用。示例代码如下：

```
main() {
    print(Animal.name);//访问类属性
    Animal.printName();//调用类方法
}
class Animal {
    static  String name = "动物类";
    static printName(){
        print(name);
    }
}
```

类属性也被称为类静态属性，其通常用来存放某些固定的且在类的所有实例中共享的属性，类方法也被称为类静态方法，通常会提供一些静态的计算功能。

3.3 泛 型

泛型是 Dart 语言另一十分强大的特性，泛型使得 Dart 中的类型更加动态，并且大大提高了代码的重用率。

3.3.1 使用泛型

泛型还有一个更加通俗的解释：通用类型。其实在前面的学习中，我们也有过使用泛型的经历。例如，在创建集合类型的对象时，就使用了泛型的特性：

```
main() {
    List<String> list = ["1","2","3"];
    Map<int,String> map = {1:"1",2:"2",3:"3"};
}
```

如上面的代码所示，尖括号中的类型就是泛型，在创建列表与 Map 对象时，通过泛型指定了其中存放元素的类型。我们在进行自定义类的编写时，也可以巧妙地利用泛型的特性使得编写的类更加灵活，观察下面的代码：

```
main() {
    var data1 = MyClassInt(1);
    var data2 = MyClassString("哈");
    print(data1.data.runtimeType);//int
    print(data2.data.runtimeType);//String
}
class MyClassInt {
    int data;
    MyClassInt(this.data);
}
class MyClassString {
    MyClassString(this.data);
    String data;
}
```

上面的代码中定义了 MyClassInt 与 MyClassString 两个类，这两个类的行为完全一样，只是其中存储数据的类型不同，对于这种情况，我们可以使用泛型来重写上述代码：

```
main() {
    var data1 = MyClass(1);
    var data2 = MyClass("哈");
    print(data1.data.runtimeType);//int
    print(data2.data.runtimeType);//String
    print(data1);//Instance of 'MyClass<int>'
    print(data2);//Instance of 'MyClass<String>'
}
class MyClass<T> {
    T data;
    MyClass(this.data);
}
```

上面的代码中，T 只是一个标识符，用来作为泛型进行占位，其实际类型会在运行时确定。在 MyClass 类内，任何需要使用此类型的地方都可以使用 T 来表示。

3.3.2 约束泛型与泛型函数

在定义类时，使用泛型可以极大地增加类的灵活性，然而灵活性高有时也会带来很大的副作用。在 Dart 中，我们也可以对泛型添加约束，来约束泛型在某个范围内灵活，例如：

```
main() {
    var my = MyClass<Teacher>(new Teacher());
    my.sayHi();//Hi,I'm teacher
}
class MyClass<T extends People> {
    T data;
    MyClass(this.data);
    sayHi(){
        this.data.sayHi();
    }
}
class People {
    sayHi(){
        print("Hello");
    }
}
class Teacher extends People {
    sayHi(){
        print("Hi,I'm teacher");
    }
}
class Student extends People {
    sayHi(){
        print("Hi");
    }
}
```

在构造 MyClass 类的实例对象时，如果使用了非 People 或非其子类的类设置了泛型，代码就会产生异常。

除了在定义类时泛型提供了极大的灵活性外，在定义函数时也可以应用泛型，例如：

```
main() {
    var my = MyClass<Student>(new Student());
    var res = getData<Student>(my);
    res.sayHi();//Hi,I'm student
}
class MyClass<T extends People> {
    T data;
    MyClass(this.data);
}
class People {
    sayHi(){
        print("Hello");
    }
}
```

```
class Student extends People {
    sayHi(){
        print("Hi,I'm student");
    }
}
T getData<T extends People>(MyClass<T> people){
    T data = people.data;
    return data;
}
```

上面的代码初看虽然难以理解，但是只要把握住泛型的核心，其实也非常简单。在函数中使用泛型时，函数名后面的尖括号中用来指定泛型的类型，这个类型可以在函数的返回值、参数类型，甚至参数类型的泛型以及函数体中使用。

3.4 异步编程技术

在实际开发中，我们需要处理各种需要耗时的任务，例如文件加载、网络数据请求等，对于体验良好的应用程序，这些操作都需要异步进行，这样不会造成界面的阻塞，为用户带来流畅的使用体验。Dart 对异步编程的支持非常强大，在 Dart 中，可以配合使用 async 和 await 关键字编写异步执行的代码，也可以使用 Future 对象相关方法来处理异步任务。

3.4.1 async 与 await 关键字

我们之前所编写的程序，虽然可以通过许多流程语句进行逻辑上的控制，但是执行的顺序总体来说依然是循序执行的，在实际应用开发中，完全顺序执行的代码往往会产生阻塞，对于耗时任务，我们需要让其异步地执行，即任务的执行暂时被等待，当程序执行完主流程空闲下来后，再去执行这些耗时任务，使用 async 与 await 关键字可以让开发者编写出同步结构的异步代码。

先来看如下代码：

```
main() {
    getData();
    print("继续执行...");
}
getData(){
    print("获取数据");
}
```

运行上面的代码，不出所料地将输出"获取数据"和"继续执行"。现在假设 getData 函数是一个需要耗时的任务，并且我们需要获取这个函数返回的数据来进行逻辑处理，可以将代码进行如下修改：

```
main() {
    getData();
    print("继续执行...");
```

```
}
getData() async{
    var data = await "数据";
    print(data);
}
```

运行代码，输出结果如下：

```
继续执行...
数据
```

可以看到，getData 函数虽然是在 print("继续执行...")语句前面执行的，但是其中数据的输出操作却被滞后了。async 和 await 是 Dart 中基本的异步编程方式，需要被异步执行的函数需要使用 async 关键字修饰，函数内需要进行滞后处理的语句使用 await 关键字修饰。需要注意，只有在 async 函数中才可以使用 await 关键字。上面的示例代码中，我们只是简单地使用字符串"数据"来进行演示，实际情况中，这里通常是具体的耗时行为，可以是其他函数的调用。

3.4.2 异步与回调

异步与回调往往会结合在一起使用，有了 async 与 await 的基础，我们可以来分析一个场景，在应用程序中，网络请求往往是一个耗时的任务，当请求完成后，需要将请求到的数据渲染到界面上，我们通常会将网络请求封装为一个函数，并且在数据请求完成后通过回调函数将数据传递到调用方使用。示例代码如下：

```
main() {
    getData((data)=>print("获取到数据${data}"));
    print("继续执行...");
}
getData(callback) async{
    var data = await "HelloWorld";
    callback(data);
}
```

运行代码，输出如下：

```
继续执行...
获取到数据 HelloWorld
```

在 Dart 中，函数和其他对象一样，也可以作为一个函数的参数。上面的代码使用了箭头函数将处理行为作为参数传递到 getData 函数中，当 getData 函数执行完 await 对应的行为后，调用回调函数将数据传递出去。箭头函数是一种比较简易的函数，也可以将复杂函数作为回调函数，例如：

```
main() {
    getData(renderUI);
    print("继续执行...");
}
renderUI(data){
    print("进行 UI 渲染");
}
```

```
getData(callback) async{
    var data = await "HelloWorld";
    callback(data);
}
```

3.4.3 使用 Future 对象

其实，调用任意一个 async 函数都会返回一个 Future 对象，Future 是一种抽象，其表示这个对象封装的数据是未来的，即对应前面介绍的异步操作的结果，例如：

```
main() {
    var future = getData();
    print(future);//Instance of 'Future'
    print("继续执行...");
}
getData() async{
    var data = await "HelloWorld";
}
```

我们可以通过执行 Future 对象的 then 方法来设置回调函数，改写上面的代码如下：

```
main() {
    var future = getData();
    future.then((data){
        print("获得数据${data}");
        renderUI();
    });
    print("继续执行...");
}
renderUI(){
    print("进行 UI 渲染");
}
getData() async{
    var data = await "HelloWorld";
    return data;
}
```

运行代码，将输出：

```
继续执行...
获得数据 HelloWorld
进行 UI 渲染
```

需要注意，异步函数的返回值会作为 Future 对象设置回调的参数，因此在编写异步函数 getData 时，开发者不需要再考虑数据的处理问题，将获取的数据直接返回即可。Future 这种异步编程的方式使代码的结构性更强，并且，如果有多个异步任务有依赖，使用 Future 可以非常方便地进行依赖关系处理，例如：

```
main() {
    var future = getDataOne();
```

```
    future.then((data){
        print("获得数据${data}");
        return getDataTwo();
    }).then((data){
        print("获得数据${data}");
        renderUI();
    });
    print("继续执行...");
}
renderUI(){
    print("进行UI渲染");
}
getDataOne() async{
    var data = await "Hello";
    return data;
}
getDataTwo() async{
    var data = await "World";
    return data;
}
```

运行代码，将输出：

```
继续执行...
获得数据Hello
获得数据World
进行UI渲染
```

使用 Future 对象的链式操作可以非常轻松地处理异步任务间的依赖关系。在应用开发中，这个技巧十分实用。

3.5 模块的使用

一个完整的应用程序往往有着非常惊人的代码量。我们之前所编写的测试代码全部都写在同一个 Dart 文件中，在实际开发中，这明显是有问题的。通常，我们会将要编写的程序根据功能进行模块划分，每个模块下又根据需要拆分成多个 Dart 文件，当 Dart 文件间有交互时，使用 import 关键字进行引用。

3.5.1 模块的应用

首先创建一个名为 test 的测试文件夹，在其中新建一个名为 lib 的文件夹，并在 test 文件夹下创建 main.dart 文件，在 lib 文件夹下创建 pri.dart 文件。其中，pri.dart 作为支持模块，main.dart 作为程序的主入口。

在 pri.dart 中编写如下代码：

```
void pri(){
    print("pri 库中的方法");
}
```

上面的代码很简单，只是创建了一个 pri 函数，其作用是打印"pri 库中的方法"这样一个字符串。在 main.dart 文件中编写如下代码：

```
import "./lib/pri.dart";
main() {
    pri();
}
```

这是一个调用其他 Dart 文件中定义的函数的简单示例，main.dart 文件中并没有定义 pri 函数，运行上面的代码，可以发现程序成功执行了 pri.dart 文件中定义的 pri 函数。

import 关键字的作用是进行模块的导入，需要设置正确的模块 Dart 文件路径，模块导入后，在当前 Dart 文件中就可以使用导入模块文件中定义的所有类、对象或函数。也可以选择只导入模块中的某些部分，而不全部导入。例如，修改 pri.dart 文件如下：

```
void pri(){
    print("pri 库中的方法");
}
void other(){
    print("pri 库中的方法 other");
}
```

修改 main.dart 文件如下：

```
import "./lib/pri.dart" show other;
main() {
    other();
}
```

其中，show 的作用是选择部分内容进行导入，上面的代码中只导入了 pri.dart 文件中的 other 方法，如果要导入多个内容，那么使用逗号进行分割即可。

3.5.2 模块命名

使用模块可以将当前文件调用到其他文件中定义的 Dart 对象，你或许想到了，如果在不同的 Dart 文件中定义了相同的方法，调用这个方法就会产生错误。例如，在 lib 文件下新建一个名为 pri2.dart 的文件，在其中编写如下代码：

```
void pri(){
    print("pri2 库中的方法");
}
```

在 pri2.dart 中也定义了一个 pri 方法，修改 main.dart 如下：

```
import "./lib/pri.dart" ;
import "./lib/pri2.dart" ;
main() {
```

```
        pri();
}
```

运行代码会产生异常。我们可以采用模块重命名的方式避免命名冲突，使用 as 关键字可以将导入的模块关联到指定的命名，例如：

```
import "./lib/pri.dart" ;
import "./lib/pri2.dart" as pri2;
main() {
    pri();//pri 库中的方法
    pri2.pri();//pri2 库中的方法
}
```

通过这种方式可以为每一个导入的模块指定一个命名，保证不会产生命名冲突的问题。

3.6 可调用类与注释

3.6.1 可调用类

在定义类的时候，我们可以实现一个特殊的方法来将类定义为可调用类，之后，这个类的对象都具有像函数一样的可以直接被调用的功能，例如：

```
main() {
    var cls = MyClass();
    var res = cls("Hello","World");
    print(res);//[Hello, World]
}
class MyClass {
    call(a,b){
        return [a,b];
    }
}
```

3.6.2 关于注释

对于编写代码来说，注释不是必需的，却是必要的，代码终究是需要人来维护的，养成良好的编写注释的习惯会使你受益匪浅。

在 Dart 中，使用//来进行单行注释，这个我们之前也一直在使用，例如：

```
//单行注释，这里定义了一个变量
var name = "珲少";
```

使用/*和*/来进行多行注释，例如：

```
/*
*这里定义了一个变量
```

```
*变量是字符串类型的
*/
var name = "珲少";
```

对于函数、类或者特殊意义的对象，我们也可以采用文档注释，文档注释会被编译器处理，在高级的开发工具中，引用这些类、对象或者函数的时候会显示文档注释的内容，用来提示开发者。文档注释使用///来进行单行注释，使用/**和**/来进行多行注释，例如：

```
///这是一个自定义的类
class MyClass {
    /**
     *这是一个特殊的函数
     * 来让对象具有函数的功能
     **/
    call(a,b){
        return [a,b];
    }
}
```

第4章

Flutter 基础组件

组件是构成应用程序的基本单元。一个完整的应用程序往往由许多个界面构成，无论界面简单还是复杂，其都是由一个个独立的布局组件或者功能组件组成的。组件间也可以进行嵌套和组合封装成复杂的高级组件。

本章开始，我们将正式进入 Flutter 开发的学习。本章你将学习到 Flutter 中一些基础的界面组件的应用，包括用来显示图片和文本的 Image 与 Text 组件，用来进行用户交互的 Button 相关组件，除此之外，本章将系统地介绍 Flutter 中常用的布局容器。

通过本章，你将学习到：

- Image 图片组件的应用
- Text 文本组件的应用
- Icon 图标组件的应用
- RaisedButton 按钮组件的应用
- Scaffold 抽屉组件的应用
- AppBar 状态栏组件的应用
- FlutterLogo 应用图标组件的应用
- Placeholder 占位组件的应用
- 常用的布局容器简介

4.1 Image 图片组件的应用

通过使用图片可以开发出界面十分精致漂亮的应用程序。在 Flutter 中，Image 组件支持对图片进行渲染。

首先使用 Android Studio 工具创建一个新的 Flutter 测试工程，将其命名为 image，用来进行

Image 组件应用的测试。创建新的 Flutter 项目后,模板会自动帮我们生成演示工程。关于 Flutter 项目结构的相关知识,在第 1 章中已经详细介绍过了,如果你忘记了,可以回到第 1 章进行查看。在项目的根目录下新建一个名为 src 的文件夹,将这个文件夹作为项目的资源目录,之后我们可以在这个文件夹下放入一张测试图片。

4.1.1 图片资源的加载

在 Flutter 工程中,若要通过资源加载的方式加载图片,首先需要配置资源路径,在 pubspec.yaml 文件的 Flutter 标签下添加如下配置项:

```
flutter:
  assets:
    - src/iconImg.jpeg
```

其中,src 为存放图片素材的目录名,后面的 iconImg.jpeg 为图片名称,如果需要用到多张素材,一行一行地在这里进行配置即可。

下面对 main.dart 文件进行简单的修改。模板生成的_MyHomePageState 类是应用程序的首页面状态类,其中的 build 方法用来进行界面的配置,我们将其修改如下:

```
@override
Widget build(BuildContext context) {
  return Scaffold(
    appBar: AppBar(
      title: Text(widget.title),
    ),
    body: Center(
      child: Column(
        mainAxisAlignment: MainAxisAlignment.center,
        children: <Widget>[
          Image.asset("src/iconImg.jpeg"),
        ],
      ),
    ),
  );
}
```

上面的代码将模板中默认的文本组件和悬浮按钮进行了删除,并向其中添加了一个 Image 组件,Image 组件的 asset 构造方法用来从资源库中加载图片,热重载代码后,效果如图 4-1 所示。

也可以直接通过文件来进行图片资源的加载,例如:

```
Image.file(new File("/path/Flutter/image/src/iconImg.jpeg"))
```

需要注意,如果需要使用 File 类,就需要导入 Dart 的 io 模块,在 main.dart 文件头部添加如下代码:

```
import 'dart:io';
```

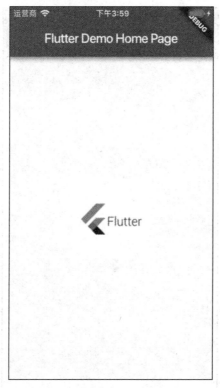

图 4-1　Image 组件显示图片

在实际开发中，我们更多的是从网络加载图片，Image 组件也提供了方法从网络加载图片，使用如下构造方法：

```
Image.network("https://ss1.baidu.com/6ONXsjip0QIZ8tyhnq/it/u=2949586033,3855292536&fm=58&bpow=400&bpoh=400")
```

4.1.2　Image 组件的属性配置

4.1.1 小节我们学习了如何使用 Image 组件的构造方法来加载图片资源，也可以配置 Image 对象的一些属性来控制图片的渲染效果，例如：

```
Image.asset("src/iconImg.png",alignment: Alignment.topLeft,fit: BoxFit.none,width: 100,height: 100)
```

其中，width 和 height 属性用于配置图片组件的尺寸，alignment 属性用来设置图片的对齐方式（当实际图片小于组件所设置的尺寸时），fit 属性用来设置图片的填充方式。上面的代码渲染的图片效果如图 4-2 所示。

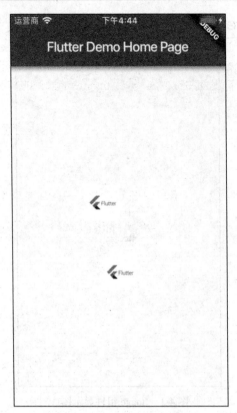

图 4-2　Image 组件属性的设置

Image 组件中可用的属性如表 4-1 所示。

表 4-1　Image 组件中可用的属性

属性名	意义	值类型
alignment	设置图片的对齐方式	AlignmentGeometry 对象
centerSlice	针对点九图设置拉伸区域	Rect 对象
color	设置与图片混合的颜色	Color 对象
colorBlendMode	设置颜色与图片混合模式	BlendMode 对象
filterQuality	设置图片过滤器的质量	FilterQuality 对象
fit	设置图片的填充模式	BoxFit 对象
gaplessPlayback	当图片资源提供者变化时，设置依然显示旧图片或什么都不显示	布尔值对象
height	设置图片组件的高度	浮点数对象
width	设置图片组件的宽度	浮点数对象
matchTextDirection	设置图片是否按照文本渲染的方向进行渲染	布尔值对象
repeat	设置图片的平铺复制模式	ImageRepeat 对象

4.1.3 关于 Alignment 对象

Alignment 对象用来描述组件的对齐模式，即如果组件内图片的真实尺寸小于组件设置的尺寸，通过这个属性就可以设置内部图片的布局，Alignment 默认的构造方法可以设置布局位置在 x 和 y 方向的偏移比例，例如：

```
Image.asset("src/iconImg.png",alignment: Alignment(0, 0) ,fit: BoxFit.none,
width: 300,height: 300)
```

此时图片将渲染到 Image 组件的中心。

Alignment 中也定义了一些常量，使用这些常量定义一些标准的图片对齐方式，如表 4-2 所示。

表 4-2 使用 Alignment 中的常量定义图片对齐方式

常量名	意义
bottemCenter	图片渲染到组件的底部中心
bottomLeft	图片渲染到组件的左下角
bottomRight	图片渲染到组件的右下角
center	图片渲染到组件的中心
centerLeft	图片渲染到组件的左侧中心
centerRight	图片渲染到组件的右侧中心
topCenter	图片渲染到组件的顶部中心
topLeft	图片渲染到组件的左上角
topRight	图片渲染到组件的右上角

4.1.4 关于 BoxFit 对象

Image 组件的 alignment 属性常常与 fit 属性配合使用，fit 属性的作用是设置图片的填充方式，即当图片的尺寸与组件的尺寸不一致时，使用怎样的拉伸策略或截断策略来渲染图片。BoxFit 是一个枚举，其中定义的可选值如表 4-3 所示。

表 4-3 BoxFit 中定义的可选值

枚举值	意义
contain	始终完整地包含图片，不会改变图片的比例
cover	使图片充满组件，不会改变图片的比例
fill	调整图片的比例，使其充满组件
fitHeight	图片的高度始终充满组件，不会改变图片的比例
fitWidth	图片的宽度始终充满组件，不会改变图片的比例
scaleDown	如果图片的尺寸大于组件尺寸，就使用 contain 模式，如果图片的尺寸小于组件尺寸，就不进行处理
none	不做任何处理，如果图片尺寸大于组件尺寸，就会截断，如果图片的尺寸小于组件尺寸，周围就会用空白填充

4.1.5 关于 ImageRepeat 对象

ImageRepeat 用来设置图片的重复模式,当图片尺寸小于组件尺寸时,通过设置 fit 属性的值可以对图片进行拉伸,通过设置 repeat 属性的值可以设置拉伸模式,可以是改变图片比例的拉伸,也可以是对图片进行复制。ImageRepeat 也是枚举类型,其中定义的枚举值如表 4-4 所示。

表 4-4 ImageRepeat 中定义的枚举值

枚举值	意义
noRepeat	不进行复制
repeat	水平和竖直两个方向都进行复制
repeatX	水平方向进行复制,竖直方向进行拉伸
repeatY	竖直方向进行复制,水平方向进行拉伸

4.2 Text 文本组件的应用

Image 组件用来在界面上渲染图片,Text 组件用来显示简单的文本。本节依然使用 4.1 节创建的测试工程来演示。

4.2.1 使用 Text 组件

Text 组件和 Image 组件的使用类似,直接使用构造方法创建 Text 对象,并将其放入布局容器中即可。修改测试工程中的 build 函数代码如下:

```
@override
Widget build(BuildContext context) {
  return Scaffold(
    appBar: AppBar(
      title: Text(widget.title),
    ),
    body: Center(
      child: Column(
        mainAxisAlignment: MainAxisAlignment.center,
        children: <Widget>[
          Text("欢迎学习 Flutter 应用开发",textAlign: TextAlign.center),
        ],
      ),
    ),
  );
}
```

运行工程,效果如图 4-3 所示。

图 4-3　Text 组件的渲染效果

上面的代码中，Text 组件的 textAlign 属性用来设置文本的对齐方式，TextAlign 是一个枚举类型，其中定义的枚举值及其意义如表 4-5 所示。

表 4-5　TextAlign 中定义的枚举值及其意义

枚举值	意义
left	左对齐
right	右对齐
center	居中对齐
justify	充满宽度
start	文本的首部对齐
end	文本的尾部对齐

4.2.2　自定义文本风格

Text 组件提供了 TextStyle 属性来对文本的显示风格进行自定义，示例如下：

```
Text("欢迎学习Flutter应用开发",style: TextStyle(fontSize: 20,height: 2,color:
Color(0xffff0000),decoration:TextDecoration.underline,decorationColor:
Color(0xffff0000),decorationStyle: TextDecorationStyle.double,fontStyle:
FontStyle.italic,fontWeight: FontWeight.bold,letterSpacing: 5))
```

重新运行代码，效果如图 4-4 所示。

图 4-4　进行文本风格的自定义

上面的代码演示了文本风格 TextStyle 对象中常用的配置属性。其中，fontSize 属性用来设置文本字号的大小。height 属性设置文本的高度，其值表示文本的高度是字体大小的倍数。color 属性设置文本字体的渲染颜色。decoration 属性设置文本的修饰，TextDecoration 类中定义了几个常量可以直接使用，none 常量表示不使用修饰，underline 常量表示使用下画线进行修饰，overline 表示使用上画线进行修饰，lineThrough 表示使用从文本中间穿过的线进行修饰。decorationColor 属性设置修饰线的颜色。TextDecorationStyle 设置修饰线的风格，TextDecorationStyle 也是一个枚举类型，soild 表示实线，double 表示双实线，dotted 表示点状虚线，dashed 表示线状虚线，wavy 表示波浪线。fontStyle 属性用来设置字体的风格，其提供了两种枚举值，即 normal 和 italic，normal 表示正常风格，italic 表示倾斜字体。fontWeight 属性设置字体的粗细程度。letterSpacing 属性设置字符间的间距。

除了上面提到的对文本风格进行设置的属性外，Text 组件本身也有一些属性提供给开发者使用，默认情况下，当 Text 组件中文本的长度超过一行时会自动进行换行，也可以通过设置 maxLines 属性来控制 Text 组件的最大行数。当文本在 Text 组件内无法显示完全时，可以通过设置 Text 组件的 overflow 属性来设置截断方式，TextOverflow 枚举中定义了 3 个值，clip 直接进行截断，fade 会将超出的文本透明度改变进行隐藏，ellipsis 会将超出的文本处理为省略号。

4.3　Icon 图标组件的应用

Icon 组件是 Dart 中一个小巧简洁的视图组件，虽然小巧，但其却十分精致，并且在使用的时候非常方便。

4.3.1 使用 Icon 组件

依然沿用前面创建的测试工程，修改 body 中的布局代码如下：

```
body: Center(
  child: Column(
    mainAxisAlignment: MainAxisAlignment.center,
    children: <Widget>[
      Icon(Icons.print,color: Colors.red,size: 40)
    ],
  ),
),
```

运行代码，效果如图 4-5 所示。

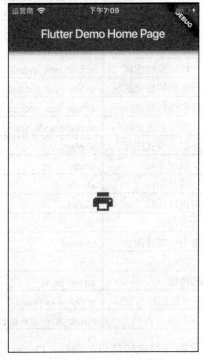

图 4-5　Icon 图标样式

Icon 类的构造方法中，必填的参数用来设置图标数据，color 参数用来设置图标的颜色，size 参数用来设置图标的尺寸。在 Flutter 中默认定义了许多图标，可以直接通过 Icons 进行调用。

4.3.2　Flutter 内置的 Icon 样式

Icons 中定义了许多常量，使用这些常量可以快速地创建样式美观的图标，如表 4-6 所示。

表 4-6 使用 Icons 中的常量可以创建的图标

常量	图标	常量	图标
ac_unit	雪花图标	access_alarm	时钟图标
access_alarms	时钟图标	access_time	时间图标
accessibility	包容图标	accessibility_new	新版包容图标
accessible	无障碍图标	accessible_forward	向前无障碍图标
account_balance	结算图标	account_balance_wallet	钱包图标
account_box	信用卡图标	account_circle	圆形信用卡图标
adb	adb 图标	add	加号图标
add_a_photo	添加照片图标	add_alarm	添加时钟图标
add_alert	添加警告图标	add_box	添加盒子图标
add_call	添加电话图标	add_circle	添加圆圈图标
add_circle_outline	圆形加号图标	add_comment	添加评论图标
add_location	添加位置图标	add_photo_alternate	添加图像图标
add_shopping_cart	添加购物车图标	add_to_home_screen	添加到主屏幕图标
add_to_photos	添加图片组图标	add_to_queue	添加队列图标
adjust	调整图标	airline_seat_flat	航行水平座位图标
airline_seat_flat_angled	航行角度座位图标	airline_seat_individual_suite	航行套装座位图标
airline_seat_legroom_extra	航行座椅扩展处图标	airline_seat_legroom_normal	航行伸腿处图标
airline_seat_legroom_reduced	航行座椅扩展处图标	airline_seat_recline_extra	航行伸腿处图标
airline_seat_recline_normal	航行座椅扩展处图标	airplanemode_active	航班激活模式图标
airplanemode_inactive	航班禁止模式图标	airplay	Airplay 图标
airport_shuttle	汽车穿梭图标	alarm	闹钟图标
alarm_add	添加闹钟图标	alarm_off	关闭闹钟图标
alarm_on	开启闹钟图标	album	专辑图标
all_inclusive	全包含图标	all_out	全不包含图标
alternate_email	交替电子邮件图标	android	安卓图标
announcement	通知图标	apps	应用列表图标
archive	归档图标	arrow_back	回退图标
arrow_back_ios	iOS 风格的回退图标	arrow_downward	下方向图标
arrow_drop_down	下拉图标	arrow_drop_down_circle	圆形下拉图标

表 4-6 只列举了 Icons 中定义的一些比较常用的图标。Flutter 中内置了非常多的图标可以直接供我们使用，具体图标的名称和样式可以在如下网址查阅：

https://docs.flutter.io/flutter/material/Icons-class.html

4.4 按钮相关组件的应用

按钮组件为用户与应用程序进行交互提供了基础的支持。在 Flutter 中，提供了一系列按钮相关的组件，使用这些组件可以快速构建出各种功能的按钮。

4.4.1 按钮组件的基类 MaterialButton

在实际开发中，我们一般不会直接使用 MeterialButton 组件，这个组件是更多定制化按钮组件的基类，其中定义了许多通用的属性，如表 4-7 所示。

表 4-7　MeterialButton 中通用的属性

属性名	意义	值类型
animationDuration	定义按钮形状或高亮变化的动画时间	时间间隔 Duration 对象
child	设置子组件	Widget 对象
color	设置按钮的填充颜色，默认状态下的	Color 对象
colorBrightness	设置按钮的主题亮度	Brightness 对象
disabledColor	设置按钮不可用状态下的填充颜色	Color 对象
disabledTextColor	设置按钮不可用状态下的文本颜色	Color 对象
enabled	设置按钮是否可用	bool 对象
highlightColor	设置按钮高亮状态下的颜色	Color 对象
height	设置按钮的高度	double 对象
minWidth	设置按钮的最小宽度	double 对象
onPressed	设置用户点击按钮的回调事件	函数对象
textColor	设置按钮正常状态下的文字颜色	Color 对象

4.4.2 RaisedButton 的应用

RaisedButton 是继承自 MaterialButton 的一个有凸起效果的按钮组件类。其使用非常简单，可配置的属性与 4.4.1 节所列出的属性一致，示例如下：

```
RaisedButton(child: Text("我是一个按钮
"),colorBrightness: Brightness.light,color:
Colors.red,disabledColor: Colors.blue,onPressed:
()=>debugPrint("按钮点击"))
```

界面效果如图 4-6 所示。

在上面的代码中，我们将按钮的点击回调函数设置成了箭头函数，如果点击事件的处理复杂，就可以在当前类中单独创建方法，将回调函数指定为方法名即可。

4.4.3 FlatButton 的应用

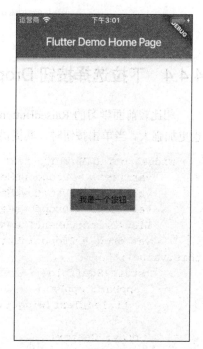

图 4-6　RaisedButton 按钮效果

FlatButton 与 RaisedButton 的使用基本一致，不同的是，RaisedButton 在展现效果上会有凸起效果，即有阴影特效。FlatButton 是平面的按钮组件，不带阴影效果，示例代码如下：

```
FlatButton(child: Text("我是一个按钮"),colorBrightness:
Brightness.light,color: Colors.red,disabledColor: Colors.blue)
```

效果如图 4-7 所示。

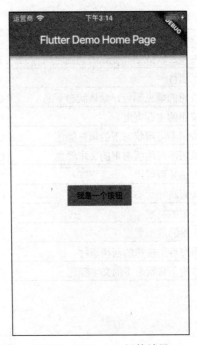

图 4-7　FlatButton 组件效果

4.4.4　下拉选择按钮 DropdownButton 组件的应用

相比较前面学习的 RaisedButton 和 FlatButton 组件，DropdownButton 组件略微复杂，但功能也更加强大。当单击按钮时，其提供一组供用户进行选择的选项列表，示例代码如下：

```
Widget build(BuildContext context) {
    var item1 = DropdownMenuItem(child: Text("篮球"),value: "篮球");
    var item2 = DropdownMenuItem(child: Text("足球"),value: "足球");
    var item3 = DropdownMenuItem(child: Text("排球"),value: "排球");
    List<DropdownMenuItem<dynamic>> list = [item1,item2,item3];
    var drop = DropdownButton(items: list, onChanged: onChange,value:
this.value);
    return Scaffold(
      appBar: AppBar(
        title: Text(widget.title),
      ),
      body: Center(
        child: Column(
          mainAxisAlignment: MainAxisAlignment.center,
          children: <Widget>[
```

```
          drop,
        ],
      ),
    ),
  );
 }
}
```

代码运行效果如图 4-8 所示。

图 4-8 DropdownButton 渲染效果

由于 DropdownButton 组件的创建较复杂，因此上面的代码中单独创建变量来构造对象。DropdownButton 对象在创建时，首先需要生成一组 DropdownMenuItem 对象。DropdownMenuItem 比较简单，其直接通过一个 UI 组件来构造，并且每一个 Item 都可以指定一个任意类型的值。

DropdownButton 组件中常用的属性如表 4-8 所示。

表 4-8 DropdownButton 组件中常用的属性

属性名	意义	值类型
disabledHint	按钮不可用时的提示组件	Widget 对象
hint	提示组件，当按钮值为 null 时默认显示	Widget 对象
iconSize	设置按钮中下拉图标的尺寸	double 对象
items	设置选项列表	元素为 DropdownMenuItem 类型的列表对象
onChanged	设置当按钮值改变的回调函数，函数会将改变后的值作为参数传入	函数对象
value	设置按钮的值	任意类型

4.4.5 悬浮按钮组件的应用

悬浮按钮通常作为应用程序核心功能的入口。例如一款社交分享类的应用程序，悬浮按钮往往是发布动态的入口，电商类的应用程序悬浮按钮往往是购物车的入口。所谓悬浮按钮，是指它将悬浮在其他组件上面，在 Flutter 中，使用 FloatingActionButton 来创建悬浮按钮。示例代码如下：

```
FloatingActionButton(child: Text("购物车"),backgroundColor:
Colors.red,foregroundColor: Colors.blue,tooltip: "提示",onPressed:
()=>debugPrint("悬浮按钮"))
```

效果如图 4-9 所示。

图 4-9　悬浮按钮渲染效果

FloatingActionButton 常用的属性如表 4-9 所示。

表 4-9　FloatingActionButton 常用的属性

属性名	意义	值类型
backgroundColor	设置背景色	Color 对象
child	设置按钮子组件	Widget 对象
foregroundColor	设置前景色	Color 对象
mini	设置按钮是否是 mini 风格的	bool 对象
onPressed	设置按钮按下的回调	函数对象
tooltip	设置当按钮被完全按下时的提示信息	String 对象

4.4.6 图标按钮 IconButton 组件的应用

IconButton 是 Flutter 提供的一系列按钮组件中最清新简洁的一种，其将按钮渲染为图标的风格，默认没有任何多余的 UI 元素，当用户单击时会有交互反馈，示例代码如下：

```
IconButton(icon: Text("^_^"), onPressed: ()=>debugPrint("图标按钮"))
```

用户交互时的效果如图 4-10 所示。

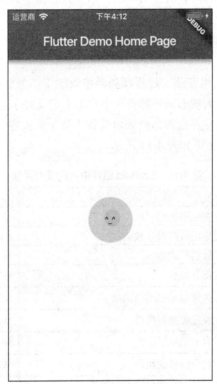

图 4-10　图标组件渲染效果

IconButton 组件中常用的属性如表 4-10 所示。

表 4-10　IconButton 组件中常用的属性

属性名	意义	值类型
alignment	设置对齐模式	AlignmentGeometry 对象
Color	设置按钮颜色	Color 对象
disabledColor	设置不可用时的按钮颜色	Color 对象
highlightColor	设置高亮时的按钮颜色	Color 对象
icon	设置内部图标组件	Widget 对象
iconSize	设置内部图标大小	double 对象
onPressed	设置按钮点击的回调函数	函数对象
padding	设置按钮与图标的间距	EdgeInsetsGeometry 对象
tooltip	按钮按下时的提示文本	String 对象

4.5 界面脚手架 Scaffold 组件

在前面创建的测试工程中,build 函数实际上返回的就是一个 Scaffold 组件,前面所学习的独立组件都是作为 Scaffold 组件的内容组件出现的。本节将着重了解 Scaffold 组件的应用。

4.5.1 Scaffold 组件概览

在建筑领域,脚手架视为保证施工过程顺利而搭设的工作平台。在编程领域中与此类似,脚手架的作用就像是一个功能强大的布局容器。这个容器中定义好了导航栏、抽屉、悬浮按钮、内容视图等区域,开发者只需要根据界面的需要来填充脚手架中的内容即可。

Scaffold 组件中可配置的属性如表 4-11 所示。

表 4-11 Scaffold 组件中可配置的属性

属性名	意义	值类型
appBar	配置应用的导航栏	通常设置为 AppBar 对象
backgroundColor	设置组件的背景颜色	Color 对象
body	设置组件的内容	Widget 对象
bottomNavigationBar	底部导航栏	Widget 对象
bottomSheet	持久化显示的底部抽屉	Widget 对象
drawer	设置左侧抽屉组件	Widget 对象
endDrawer	设置右侧抽屉组件	Widget 对象
floatingActionButton	设置悬浮按钮组件	Widget 对象
persistentFooterButtons	持久化显示的底部按钮组件	元素为 Widget 的 List 对象
primary	设置脚手架是否从屏幕顶部开始布局	bool 对象

在表 4-11 的属性中,除了 drawer 和 endDrawer 属性外,其他属性配置后,这些组件都将持久地显示在脚手架容器中,如果配置了 drawer 或 endDrawer 属性,就会在导航栏左侧或右侧创建一个按钮,单击按钮将弹出对应的抽屉视图。

4.5.2 Scaffold 属性使用示例

借助之前创建的测试工程,修改其中 build 方法的代码如下:

```
@override
Widget build(BuildContext context) {
  return Scaffold(
    appBar: AppBar(
      title: Text(widget.title),
```

```
      ),
      bottomNavigationBar: BottomAppBar(
        child: Text("底部工具栏",textAlign: TextAlign.center,style:
TextStyle(fontSize: 30),),
      ),
      bottomSheet: Text("持久化显示的底部抽屉"),
      drawer: Column(
        children: <Widget>[
          Text("左侧抽屉"),
          Text("左侧抽屉"),
          Text("左侧抽屉")
        ],
      ),
      endDrawer:Column(
        children: <Widget>[
          Text("右侧抽屉"),
          Text("右侧抽屉"),
          Text("右侧抽屉")
        ],
      ),
      floatingActionButton:FloatingActionButton(onPressed: (){
        print("悬浮按钮");
      },child: Text("悬浮"),),
      persistentFooterButtons:[Text("One"),Text("Two")],
      backgroundColor: Colors.red,
      primary:true,
      body: Center(
        child: Column(
          mainAxisAlignment:
MainAxisAlignment.center,
          children: <Widget>[
          ],
        ),
      ),
    );
  }
```

运行代码，效果如图 4-11 所示。

4.5.3 AppBar 组件的应用

Scaffold 组件中的 appBar 属性需要设置为 AppBar 对象，AppBar 对象可以设置的属性很多，示例代码如下：

```
AppBar(
    title: Text(widget.title),
    actions: [RaisedButton(child: Text("按钮一
"),onPressed: ()=>print("按钮
1"),),RaisedButton(child: Text("按钮一"),onPressed:
```

图 4-11 Scaffold 组件的布局效果

```
()=>print("按钮1")),],
        backgroundColor: Colors.orange,
        centerTitle: false,
        leading: Text("左侧组件"),
)
```

运行效果如图 4-12 所示。

图 4-12　AppBar 配置效果

表 4-12 列出了 AppBar 中常用的属性。

表 4-12　AppBar 中常用的属性

属性名	意义	值类型
actions	设置 AppBar 上的功能按钮列表	元素为 Widget 的列表对象
backgroundColor	设置背景颜色	Color 对象
centerTitle	设置是否居中	bool 对象
leading	设置标题左侧的组件	Widget 对象
title	设置标题	Widget 对象

4.5.4　使用 BottomNavigationBar 组件

对于 Scaffold 组件的 bottomNavigationBar 属性，除了将其设置为 BottomAppBar 组件外，使用 BottomNavigationBar 来设置也非常常见，BottomNavigationBar 会构造 iOS 系统风格的标签栏，示例如下：

```
bottomNavigationBar: BottomNavigationBar(
    items: [
      BottomNavigationBarItem(icon: Icon(Icons.print), title: Text("打印")),
      BottomNavigationBarItem(icon: Icon(Icons.stop), title: Text("停止"))
    ],
    type: BottomNavigationBarType.fixed,
),
```

运行代码，效果如图 4-13 所示。

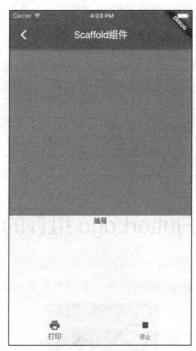

图 4-13　BottomNavigationBar 渲染效果

BottomNavigationBar 组件的常用属性如表 4-13 所示。

表 4-13　BottomNavigationBar 组件的常用属性

属性名	意义	值类型
items	设置标签组，必选	BottomNavigationBarItem 列表
onTap	用户单击标签后的回调，会将标签的索引传入	函数
BottomNavigationBarType	设置类型	枚举，可选如下： fixed　自适应宽度 shifting　位置和尺寸都有单击动画
fixedColor	设置选中颜色	Color 对象
backgroundColor	背景颜色	Color 对象
iconSize	设置图标尺寸，默认为 24	数值
selectedItemColor	设置选中标签颜色	Color 对象
unselectedItemColor	设置未选中标签颜色	Color 对象

（续表）

属性名	意义	值类型
selectedIconTheme	设置选中图标风格	图标风格 IconThemeData 对象
unselectedIconTheme	设置未选中图标风格	图标风格 IconThemeData 对象
selectedFontSize	设置选中文字尺寸	数值
unselectedFontSize	设置未选中文字尺寸	数值
selectedLabelStyle	设置选中文本字体风格	TextStyle 对象
unselectedLabelStyle	设置未选中文本字体风格	TextStyle 对象

BottomNavigationBarItem 类构造标签栏上具体的标签对象，其中常用属性如表 4-14 所示。

表 4-14　BottomNavigationBarItem 中的常用属性

属性名	意义	值类型
icon	图标	Widget 组件
title	标题	Widget 组件
activeIcon	选中时的图标	Widget 组件
backgroundColor	背景色	Color 对象

4.6　FlutterLogo 组件的应用

FlutterLogo 组件是一个小巧的系统图标组件。其用来展示 Flutter 图标，效果如图 4-14 所示。

图 4-14　FlutterIcon 图标样式

FlutterLogo 中可进行配置的常用属性如表 4-15 所示。

表 4-15　FlutterLogo 中可进行配置的常用属性

属性名	意义	值类型
duration	设置当颜色、风格等发生变化时的动画时间	Duration 对象
size	设置图标的尺寸大小	Double 对象
style	设置图标的风格	FlutterLogoStyle 对象
textColor	设置文本颜色	Color 对象

FlutterLogoStyle 对象为枚举对象，其中定义了几种 Flutter 图标的展现风格，如表 4-16 所示。

表 4-16　FlutterLogoStyle 中定义的几种 Flutter 图标的展现风格

枚举值	意义
horizontal	水平展示图标和文本
markOnly	仅仅展示图标
stacked	竖直展示图标和文本

4.7　Placeholder 占位符组件的应用

在应用程序开发中，很多时候 UI 的渲染都依赖于网络数据，网络数据的请求又往往需要一段时间，这时我们可以在需要渲染组件的地方使用占位符来进行占位，当网络请求完成后，再将占位符组件替换为真实的组件。示例如下：

```
Placeholder(color: Colors.grey,fallbackHeight: 100,fallbackWidth: 100,strokeWidth: 1)
```

效果如图 4-15 所示。

图 4-15　占位符组件效果

其中，fallbackWidth 和 fallbackHeight 属性用来设置组件的默认宽度和高度，strokeWidth 属性用来设置组件的线宽。

4.8　单组件布局容器组件的应用

除了有具体交互功能的组件外，Flutter 中也提供了许多容器组件。容器组件的作用就是作为其他组件的容器，提供布局支持。单组件布局容器是指容器内部只可以有一个子组件，通常用来控制子组件的位置、尺寸和形状等。

4.8.1　Container 容器组件

Container 是最简单的一个布局容器，其可以根据子组件的尺寸自适应大小。示例代码如下：

```
child: Container(
  child: Text("容器的内容部分"),
  color: Colors.blue,
  width: 300,
```

```
    height: 35,
)
```

效果如图 4-16 所示。

容器的内容部分

图 4-16 Container 容器组件的效果

Container 组件中的常用属性如表 4-17 所示。

表 4-17 Container 组件的常用属性

属性名	意义	值类型
alignment	设置子组件的对齐方式	AlignmentGeometry 对象
child	子组件	Widget 对象
constraints	设置子组件的约束	BoxConstraints 对象
width	设置容器宽度	Double 对象
height	设置容器高度	Double 对象
color	设置容器的背景颜色	Color 对象
decoration	设置容器的修饰属性，其中也可以设置容器的背景色，需要注意，这个属性和 Color 属性不能同时配置	Decoration 对象
foregroundDecoration	设置前景修饰	Decoration 对象
margin	设置容器的外边距	EdgeInsetsGeometry 对象
padding	设置容器的内边距	EdgeInsetsGeometry 对象
transform	设置容器的形状变换属性，例如旋转、缩放等	Matrix4 对象

表 4-17 列举的属性中，constraints 用来对容器的尺寸进行约束，虽然默认情况下，Container 容器的尺寸会根据其中子组件的尺寸进行调整，但是通过 constraints 属性可以为其宽度和高度设置最小值或最大值，示例代码如下：

```
BoxConstraints(minWidth: 0, maxWidth: 100, minHeight: 0, maxHeight: 100),
```

decoration 用来设置 Container 容器的修饰属性，例如边框、阴影、形状等效果，一般会将其设置为一个对象。BoxDecoration 可配置的属性如表 4-18 所示。

表 4-18 BoxDecoration 可配置的属性

属性名	意义	值类型
color	设置容器背景色	Color 对象
image	设置背景图片	DecorationImage 对象
border	设置容器的边框	Border 对象
boxShadow	设置容器阴影	BoxShadow 对象构成的列表
borderRadius	设置容器的圆角	BorderRadius 对象

（续表）

属性名	意义	值类型
gradient	设置渐变背景	LinearGradient、RadialGradient 或 SweepGradient 对象
backgroundBlendMode	设置背景渲染时的混合模式	BlendMode 枚举
shape	设置背景形状	BoxShape 枚举，可以设置为： rectangle：矩形 circle：圆形

BoxDecoration 对象的使用示例如下：

```
decoration: BoxDecoration(
      color: Colors.amber,
      image: DecorationImage(
        image: AssetImage("assets/iconImg.png")
      ),
      border: Border(
        top: BorderSide(
          color: Colors.lightGreenAccent,
          width: 4,
          style: BorderStyle.solid,
        )
      ),
      borderRadius: BorderRadius.all(Radius.circular(10)),
      boxShadow: [
        BoxShadow(
          color: Colors.black26,
          offset: Offset(20,20)
        ),
        BoxShadow(
            color: Colors.brown,
            offset: Offset(-20,-20)
        )
      ],
      gradient: LinearGradient(
        colors: [
          Colors.lightBlue,
          Colors.orange
        ],
        stops: [
          0,0.5
        ]
      ),
      shape: BoxShape.rectangle
    )
```

组件的渲染效果如图 4-17 所示。

图 4-17　decoration 属性渲染样式

上面列举了 BoxDecoration 对象中常用的属性，其中提到的很多类之前并未介绍过，但是其使用都非常简单。image 属性需要配置的并非是 Image 对象，而是 DecorationImage 对象。gradient 属性用来设置容器的渐变背景，常用的渐变背景类有 3 个，LinearGradient 用来创建线性的渐变背景，RadialGradient 用来创建以中心为原点、以半径为轴向外渐变的渐变背景，SweepGradient 用来创建扫描式的渐变。

上面提到的 3 种渐变方式都可以配置渐变的颜色数组 colors 属性与渐变的分割点 stops 属性。除此之外，LinearGradient 中可配置的属性如表 4-19 所示。

表 4-19　LinearGradient 中可配置的属性

属性名	意义	值类型
begin	渐变的起始位置	AlignmentGeometry 对象
end	渐变的结束位置	AlignmentGeometry 对象
tileMode	渐变的平铺方式	TileMode 枚举

RadialGradient 中可配置的属性如表 4-20 所示。

表 4-20　RadialGradient 中可配置的属性

属性名	意义	值类型
center	设置渐变的中心点	AlignmentGeometry 对象
radius	半径范围	数值
focal	设置焦点位置	AlignmentGeometry 对象
focalRadius	设置焦点半径	数值

SweepGradient 中可配置的属性如表 4-21 所示。

表 4-21　SweepGradient 中可配置的属性

属性名	意义	值类型
center	设置渐变的中心点	AlignmentGeometry 对象
startAngle	设置开始渐变的角度	数值
endAngle	设置结束渐变的角度	数值

在 Container 容器可以配置的属性中，还有一个非常重要的属性：transform。transform 属性可

以对 Container 容器的展示进行变化，transform 属性需要设置为 Matrix4 对象，这个对象是一个 4 维的矩阵，其本身意义复杂，但是 Flutter 中提供了现成的构造方法，可以直接构造出指定变换的 Matrix4 对象，以围绕 z 轴旋转为例，代码如下：

```
Matrix4.rotationZ(-.2)
```

运行代码，效果如图 4-18 所示。

图 4-18 对容器进行 transform 变换

Matrix4 相关的更多变换对象构造方法这里不再赘述，其中包括平移、旋转、缩放、镜像以及扭曲等。

4.8.2 Padding 容器组件

Padding 组件是简化的 Container 组件，其只能有一个子组件，并且不需要设置内边距，示例如下：

```
Padding(
    child: Container(
      color: Colors.red,
    ),
    padding: EdgeInsets.all(20),
)
```

效果如图 4-19 所示。

4.8.3 Center 容器组件

Center 容器组件是一种特殊的 Padding 组件，其只能有一个子组件，并且会将子组件布局在容器的中心，示例如下：

```
Center (
    child: Container(
      color: Colors.red,
      width: 200,
      height: 200,
```

图 4-19 Padding 组件效果

        ),
)
```

效果如图 4-20 所示。

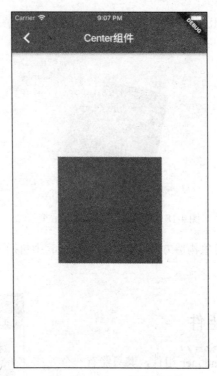

图 4-20　Center 组件效果

### 4.8.4　Align 容器组件

Align 组件用来设置其内部的子组件布局在边缘，可以选择布局在边缘的位置，例如左上角、右下角等，其通过 alignment 属性进行控制，示例如下：

```
Align (
  child: Container(
    color: Colors.red,
    width: 200,
    height: 200,
  ),
  alignment: Alignment.bottomRight,
)
```

运行效果如图 4-21 所示。
```

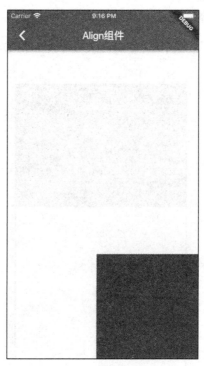

图 4-21　Align 组件效果

4.8.5　FittedBox 容器组件

FittedBox 组件会根据容器的大小来适配自己的尺寸，可以为其设置 alignment 与 fit 属性对布局样式进行控制，示例如下：

```
FittedBox (
    child: Container(
      color: Colors.red,
      width: 200,
      height: 200,
    ),
    alignment: Alignment.center,
    fit: BoxFit.fill,
  )
```

4.8.6　AspectRatio 容器组件

AspectRatio 组件用来创建宽高比固定的容器，示例如下：

```
AspectRatio (
   child: Container(
     color: Colors.red,
   ),
 aspectRatio: 2,
```

)

其中，aspectRatio 属性设置宽高比。上面的代码设置容器的宽度是高度的两倍，运行效果如图 4-22 所示。

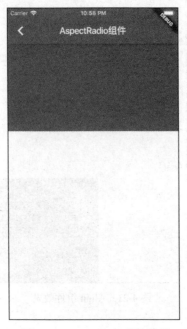

图 4-22　AspectRatio 组件效果

4.8.7　ConstrainedBox 容器组件

ConstrainedBox 组件对其内部布局的子组件进行宽高约束，其通过 constraints 属性来设置组件的宽度范围与高度范围，如果子组件尺寸不足或超出，就会被自动调整，示例如下：

```
ConstrainedBox (
  child: Container(
    color: Colors.red,
    width: 300,
  ),
  constraints: BoxConstraints.expand(width: 200, height: 200),
)
```

4.8.8　IntrinsicHeight 与 IntrinsicWidth 容器

IntrinsicHeight 与 IntrinsicWidth 是两个非常特殊的布局容器，IntrinsicHeight 会根据子组件自身的高度扩展高度，IntrinsicWidth 组件会根据子组件自身的宽度扩展宽度，当子组件的尺寸可扩展时，可以尝试使用这两个组件，但是需要注意，这两个组件的布局性能略差。

4.8.9 LimitedBox 容器

从字面上理解，LimitedBox 容器的作用是限制组件的尺寸。需要注意，只要当 LimitedBox 本身的尺寸没有限制时，其才可以通过设置 maxWidth 和 maxHeight 属性来限制子组件的最大尺寸，示例如下：

```
Row(
    children: <Widget>[
      Container(
        color: Colors.red,
        width: 100.0,
      ),
      LimitedBox(
        maxWidth: 100.0,
        child: Container(
          color: Colors.blue,
          width: 250.0,
        ),
      ),
    ],
```

4.8.10 Offstage 容器

Offstage 容器是实际开发中用得非常多的一个布局容器，其可以通过设置 offstage 属性来控制组件是否显示，示例如下：

```
Offstage(
    child: Container(
      color: Colors.red,
    ),
    offstage: true,
)
```

4.8.11 OverflowBox 容器

OverflowBox 容器支持其子组件的尺寸超出容器，并且不会被截断，通过设置 maxWidth 和 maxHeight 属性来控制允许子组件的最大尺寸，示例如下：

```
Container(
    color: Colors.orange,
    child: OverflowBox(
      maxHeight: 300,
      maxWidth: 300,
      alignment: Alignment.topLeft,
      child: Container(
        color: Colors.red.withAlpha(100),
```

```
            width: 300,
            height: 300,
         ),
     ),
     height: 100,
     width: 200,
 )
```

4.8.12 SizeBox 容器

SizedBox 是一个非常基础也非常常用的容器组件,其将其子组件的尺寸设置为固定的尺寸,不论子组件的尺寸怎样,都会强制使用 SizedBox 组件所设置的尺寸,例如:

```
SizedBox(
     child: Container(
       color: Colors.red,
       width: 10,
       height: 300,
     ),
     width: 200,
     height:200,
 )
```

运行上面的代码,布局出来的子组件的宽度和高度将为 200 单位。与之对应,Flutter 中还提供了 SizedOverflowBox 容器组件,这个组件也会为子组件设置固定的尺寸,但是允许子组件溢出。

4.8.13 Transform 容器组件

在学习 Container 组件时,我们知道可以通过 transform 属性来对容器进行变换,Transform 容器组件也是这个作用,但是其使用更加方便,并且可以设置变换参照的坐标系。示例如下:

```
Transform(
     child: Container(
       color: Colors.red,
       width: 100,
       height: 100,
     ),
     transform: Matrix4.rotationZ(0.2),
     alignment: Alignment.center,
 )
```

aligment 属性设置变换围绕的点。上面的代码将设置为找中心点进行旋转,效果如图 4-23 所示。

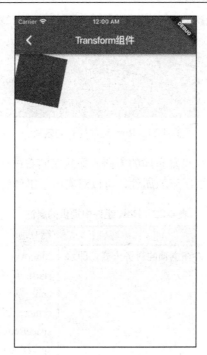

图 4-23 Transform 组件效果

4.9 多组件布局容器组件的应用

与单组件布局容器对应，多组件布局容器中允许一次布局多个子组件，行布局组件、列布局组件以及复杂的网格组件与列表组件都属于多组件布局容器组件，在后面的章节介绍可滚动视图时，我们会更加详细地介绍这些布局组件，本节先概览地介绍 Flutter 中提供的多组件布局容器。

4.9.1 Row 容器组件

Row 容器进行行布局，其中可以设置一组子组件，并且这些子组件以水平方向进行布局。示例如下：

```
child: Row(
    children: <Widget>[Text("组件1"),Text("组件2"),Text("组件3")],
    textDirection: TextDirection.rtl,
)
```

运行效果如图 4-24 所示。

图 4-24　Row 组件的布局效果

其中，textDirection 属性用来设置布局的方向，即从左向右进行布局或者从右向左进行布局。Row 组件中还提供了表 4-22 所示的属性，可以对其中子组件的对齐方式进行控制。

表 4-22　Row 组件中提供的属性

属性名	意义	值类型
mainAxisAlignment	设置子组件在主轴的对齐方式，即水平方向的对齐方式	MainAxisAlignment 枚举 start：从前往后对齐 end：从后往前对齐 center：居中对齐 spaceBetween：平分间距对齐，首尾无间距 spaceEvenly：平分间距对齐，首尾有间距 spaceAround：平分间距对齐，首尾有间距，但为中间间距的一半
mainAxisSize	设置主轴的尺寸	MainAxisSize 枚举 min：约束的最小尺寸 max：约束的最大尺寸
crossAxisAlignment	设置子组件在次轴的对齐方式，即垂直方向的对齐方式，当 Row 容器的高度比组件的高度大时，这个属性控制子组件在垂直方向的对齐方式	CrossAxisAlignment 枚举 start：从前往后对齐 end：从后往前对齐 center：居中对齐 baseline：基线对齐 stretch：拉伸子组件高度充满父容器

4.9.2　Column 容器组件

Column 组件与 Row 组件十分相似，不同的是，Row 组件的布局方向是水平的，Column 组件的布局方向是竖直的。示例如下：

```
child: Column(
    children: <Widget>[Text("组件1"),Text("组件2"),Text("组件3")],
)
```

效果如图 4-25 所示。

图 4-25　Column 组件效果

Column 组件中常用的配置属性与 Row 组件完全一致，只是对于 Column 组件来说，其主轴为垂直方向，次轴为水平方向。

4.9.3　Flex 与 Expanded 组件

其实，我们前面介绍的 Row 组件与 Column 组件都是继承自 Flex 组件，Flex 通过设置 direction 属性来设置水平布局（即 Row）或垂直布局（即 Column）。Expanded 组件专门用来作为 Flex 组件的子组件，其可以通过设置 Flex 权重值来方便地创建有比例关系的一组组件，示例代码如下：

```
Row(
    children: <Widget>[
      Expanded(
        child: Container(
          color: Colors.red,
          child: Text("组件1"),
          height: 100,
        ),
        flex: 1,
      ),
      Expanded(
        child: Container(
          color: Colors.blue,
          child: Text("组件2"),
          height: 100,
        ),
        flex: 2,
      ),
      Expanded(
        child: Container(
          color: Colors.green,
          child: Text("组件3"),
          height: 100,
        ),
        flex: 1,
      ),
    ],
    textDirection: TextDirection.rtl,
)
```

运行代码，效果如图 4-26 所示。子组件会充满容器，并且根据 flex 属性的值的比例进行主轴方向上的尺寸分配。

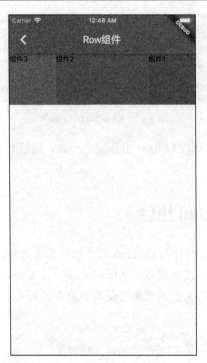

图 4-26　Flex 配合 Expanded 组件进行布局

4.9.4　Stack 与 Positioned 容器组件

Stack 组件是 Flutter 中用来进行绝对布局的一个容器组件。Positioned 组件通常会作为 Stack 组件的子组件使用，其可以设置绝对的位置和尺寸。示例如下：

```
Stack(
      children: <Widget>[
        Positioned(
          child: Container(
            color: Colors.orange,
          ),
          left: 100,
          right: 100,
          top: 250,
          height: 100,
        )
      ],
    )
```

运行代码，效果如图 4-27 所示。

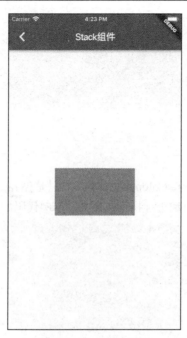

图 4-27 Stack 布局容器

Positioned 组件可以通过设置 left、top、right 和 bottom 属性来设置距离父容器 4 条边的距离，从而确定位置和尺寸，也可以通过设置 width 和 height 属性来确定尺寸。

4.9.5　IndexedStack 容器组件

IndexedStack 容器组件与 Stack 容器组件的用法基本一致，都是对其内的子组件进行绝对布局，不同的是，Stack 组件会将所有子组件都进行渲染，而 IndexedStack 组件只会对其中的一个子组件进行渲染，具体渲染哪一个子组件由 index 属性控制，示例如下：

```
IndexedStack(
    children: <Widget>[
      Positioned(
        child: Container(
          color: Colors.orange,
        ),
        left: 100,
        right: 100,
        top: 250,
        height: 100,
      ),
      Positioned(
        child: Container(
          color: Colors.orange,
        ),
        left: 0,
        right: 100,
```

```
        top: 0,
      height: 100,
    ),
  ],
  index: 0,
)
```

4.9.6　Wrap 容器组件

Wrap 容器组件的作用与 Row、Column 组件很像，只是 Wrap 组件的功能更加强大，当一行或一列布局不下时，Wrap 组件会自动进行换行或换列，示例代码如下：

```
Wrap(
    children: <Widget>[
      Container(
        color: Colors.red,
        width: 100,
        height: 100,
      ),
      Container(
        color: Colors.blue,
        width: 100,
        height: 100,
      ),
      Container(
        color: Colors.grey,
        width: 100,
        height: 100,
      ),
      Container(
        color: Colors.green,
        width: 100,
        height: 100,
      ),
      Container(
        color: Colors.orange,
        width: 100,
        height: 100,
      ),
    ],
    direction: Axis.horizontal,
    alignment: WrapAlignment.end,
    spacing: 20,
    runAlignment: WrapAlignment.start,
    runSpacing: 20,
    crossAxisAlignment: WrapCrossAlignment.center,
    textDirection: TextDirection.rtl,
  )
```

其中，direction 属性设置布局方向是行布局或列布局，aligment 相关属性设置对齐方式，space 相关属性设置间距。运行代码，效果如图 4-28 所示。

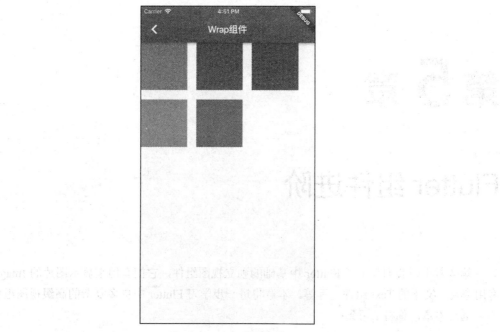

图 4-28 Wrap 容器组件

4.9.7 更多内容可滚动的布局容器

除了前面介绍的多组件布局容器外，在实际开发中，更多会使用到内容可滚动的布局容器，例如流布局容器、列表容器、表格容器等。这些更加复杂的布局容器将在下一章中统一介绍。

通过本章的学习，相信你已经可以布局出简单的静态页面，后面我们将学习更多 Flutter 中的高级组件，帮助你完全掌握 Flutter 页面开发技术。

第 5 章

Flutter 组件进阶

第 4 章中,我们介绍了 Flutter 中基础的独立视图组件,它们有用来显示图片的 Image 组件,有用来显示文本的 Text 组件,等等。本章将进一步学习 Flutter 中更多复杂的高级视图组件。

通过本章,你将学习到:
- 文本输入相关组件的应用
- 组件布局技术
- 抽屉视图组件的应用
- 高级按钮、滑块、时间选择器等组件的应用
- 弹窗等组件的应用
- 对组件进行绘制与修饰
- 滚动视图与列表视图等内容可滚动组件的应用

5.1 表单组件的应用

表单组件是 Flutter 中用来进行用户输入、提交用户输入信息的组件。在使用表单组件时,需要将其放入表单容器中。

5.1.1 关于表单容器

表单容器的作用是组合表单组件。例如,一个应用程序的登录界面可能需要用户输入用户名和密码,这就需要提供两个输入框组件,可以使用 From 组件来进行组合,示例如下:

```
Form(child: Column(
    children: <Widget>[
```

```
        Text("用户名"),
        TextFormField(),
        Text("密码"),
        TextFormField()
    ],
))
```

效果如图 5-1 所示。

图 5-1 Form 容器组件效果

Form 组件中的属性可以统一对输入框进行配置，如表 5-1 所示。

表 5-1 Form 组件中的属性

属性名	意义	值类型
autovalidate	设置是否每当输入框文本变化时，都进行有效性检查	bool 对象
onChanged	设置当表单组中有输入框文本发生变化时回调的函数	无参的函数对象

5.1.2 TextFormField 详解

TextFormField 用来创建表单中进行文本输入的输入框组件。5.1.1 小节中，我们已经使用过 TextFormField 组件了，其实这个组件非常强大，除了可以接收和保存用户的输入外，还提供了输入提示、有效性校验等功能，示例如下：

```
TextFormField(
    decoration: InputDecoration(
        labelText: "你的用户名"
    ),
    validator: (string){
        if(string.length<3){
            return "用户名过短";
        }
        return null;
    },
)
```

如上面的代码所示，decoration 属性用来设置输入的提示文本，InputDecoration 类的相关用法后面会介绍，validator 属性用来设置有效性校验逻辑。上面的示例代码将小于 3 个字符的用户名都认为是非法的输入，如果校验非法，就可以通过返回一个错误字符串来结束校验逻辑，如果校验合法，就直接返回 null 即可。

TextFormField 还有一个 controller 属性可以配置，这个属性用来管理文本框的编辑信息，例如：

```
var controller = new TextEditingController();
Form(child: Column(
    children: <Widget>[
        Text("用户名"),
        TextFormField(
        decoration: InputDecoration(
            labelText: "你的用户名"
        ),
        validator: (string){
            if(string.length<3){
                return "用户名过短";
            }
            return null;
        },
        controller: controller,
    ),
    Text("密码"),
    TextFormField()
    ],
),autovalidate:true,onChanged: (){
    print("输入框文本发生变化:"+controller.text);
},)
```

TextEditingController 用来控制输入框中的文本，调用其 clear 方法可以清空输入框的文本，其中的 text 属性用来存储输入框中的文本，selection 属性用来存储输入框中选中的内容区域。

TextFormField 中其他常用属性如表 5-2 所示。

表 5-2　TextFormField 中其他常用属性

属性名	意义	值类型
initialValue	设置初始值	String 对象
keyboardType	设置键盘类型	TextInputType 对象
textCapitalization	设置文本的断行模式	TextCapitalization 枚举值
textInputAction	设置键盘输入按钮的类型	TextInputAction 枚举值
style	设置文本风格	TextStyle 对象
textDirection	设置文本方向	TextDirection 枚举值
textAlign	设置文本对齐方式	TextAlign 枚举值
obscureText	是否进行文本显式加密处理	bool 对象
autocorrect	是否开启自动更正	bool 对象
autovalidate	是否开启自动有效性检查	bool 对象
maxLines	设置最大行数	int 对象
maxLength	设置最大文本长度	int 对象
onEditingComplete	设置编辑完成时的回调方法	函数对象
onFieldSubmitted	设置表单提交时的回调函数	带一个字符串类型参数的函数对象

(续表)

属性名	意义	值类型
onSaved	设置表单保存时的回调函数	带一个字符串类型参数的函数对象
validator	设置有效性校验函数	带一个字符串类型的参数，需要返回字符串对象
enabled	设置输入框是否可用	bool 对象

TextInputType 类中定义了许多常量，通过这些常量可以设置输入框键盘的类型，如表 5-3 所示。

表 5-3　设置输入框键盘类型的常量

名称	意义
datetime	日期时间类型
emailAddress	Email 地址类型
multiline	多行文本类型
number	数字键盘类型
phone	电话类型
text	文本类型
url	网址链接类型

TextCapitalization 枚举中定义了许多断行模式，枚举值如表 5-4 所示。

表 5-4　定义断行模式的枚举值

枚举值	意义
characters	使用字符进行断行
words	使用单词进行断行
sentences	使用句子进行断行

TextInputAction 枚举用来进行键盘上确认按钮风格的配置，枚举值如表 5-5 所示。

表 5-5　确认按钮风格的枚举值

枚举值	意义
continueAction	继续风格的按钮
done	完成风格的按钮
emergencyCall	紧急电话风格的按钮
go	前进风格的按钮
join	加入风格的按钮
newline	换行风格的按钮
next	下一步风格的按钮
previous	上一步风格的按钮
route	跳转风格的按钮
search	查找风格的按钮
send	发送风格的按钮
unspecified	默认风格的按钮

5.1.3 关于 InputDecoration 类

InputDecoration 用来进行输入框提示视图的设置，常用属性如表 5-6 所示。

表 5-6 InputDecoration 中的常用属性

属性名	意义	值类型
border	设置提示视图的边框	InputBorder 对象
contentPadding	设置内容的内间距	EdgeInsetsGeometry 对象
counterText	在输入框下方显示，标识文字个数	String 对象
counterStyle	设置显示字数文本的风格	TextStyle 对象
disabledBorder	设置不可用时的边框	InputBorder 对象
enabled	设置是否可用，如果不可用，那么帮助文本、字数、错误文本等都不会显示	bool 对象
enabledBorder	设置可用时的边框	InputBorder 对象
errorBorder	设置出现错误时的边框	InputBorder 对象
errorMaxLines	设置错误文本的最大行数	int 对象
errorStyle	设置显示错误文本的风格	TextStyle 对象
errorText	设置错误文本	String 对象
fillColor	设置填充颜色	Color 对象
helperText	设置帮助文本	String 对象
helperStyle	设置帮助文本的字体风格	TextStyle 对象
helperText	设置帮助文本	String 对象
hintText	这个值会在长按组件时显示	String 对象
hintStyle	设置提示文本字体风格	TextStyle 对象
icon	设置图标	Widget 组件对象
labelText	设置标签文本	String 对象
labelStyle	设置标签的字体风格	TextStyle 对象
prefix	设置前缀组件	Widget 组件对象
prefixIcon	设置前缀图标	Widget 组件对象
prefixText	设置前缀文本	Stirng 对象
prefixStyle	设置前缀文本字体风格	TextStyle 对象
suffix	设置后缀组件	Widget 组件对象
suffixIcon	设置后缀图标	Widget 组件对象
suffixText	设置后缀文本	String 对象
suffixStyle	设置后缀文本字体风格	TextStyle 对象

需要注意，InputDecoration 是对输入框组件界面上的修饰，其错误信息并不会真正关联到输入校验逻辑，需要开发者手动处理。

5.1.4 下拉选择框 DropdownButtonFormField 组件的应用

TextFormField 是基础的文本输入框组件，Flutter 中还提供了一个下拉选择框组件，开发者可以提供一组选项供用户进行选择，示例如下：

```
Text("兴趣爱好"),
DropdownButtonFormField(items: [
    DropdownMenuItem(child: Text("篮球")),
    DropdownMenuItem(child: Text("足球")),
    DropdownMenuItem(child: Text("排球")),
])
```

效果如图 5-2 和图 5-3 所示。

图 5-2 展开前的下拉选择框

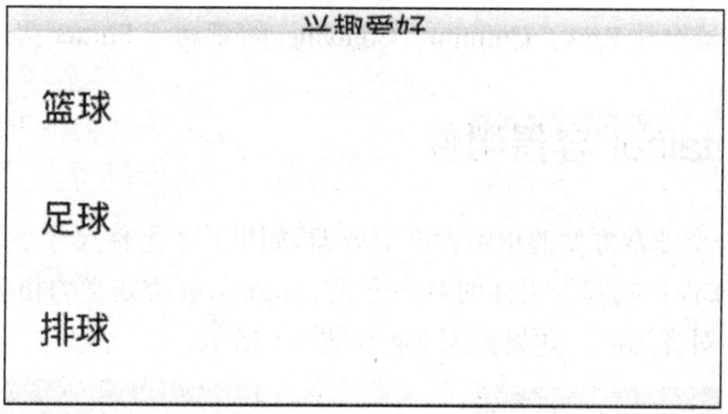

图 5-3 展开后的下拉选择框

DropdownButtonFormField 也提供了如 onChanged、decoration、onSaved、validator 等属性供开发者进行配置。其用法和 TextFormField 基本一致，本节就不再赘述。

5.1.5 RawKeyboardListener 自定义组件接收键盘事件

RawKeyboardListener 是 Flutter 中非常特殊的一个组件，其只支持非 iOS 系统。一般情况下，只有输入框组件可以接收键盘事件，使用 RawKeyboardListener 可以让自定义的任意组件都具有接收键盘事件的功能。

在 build 函数中创建焦点节点对象，并使其获取焦点，示例如下：

```
FocusNode node = FocusNode();
FocusScope.of(context).requestFocus(node);
```

想要接收键盘事件的组件，需要作为 RawKeyboardListener 组件的子组件，示例如下：

```
RawKeyboardListener(
  child: Text("可以接收键盘事件"),
  focusNode: node,
  onKey: (event){
    print(event);
  },
)
```

在 Android 设备上运行程序，我们为 Text 组件添加了接收键盘事件的功能。RawKeyboardListener 对象的 onKey 方法当接收到来自键盘的事件后会被回调，其中会传入事件对象作为参数。键盘事件对象分为两类，即 RawKeyDownEvent 和 RawKeyUpEvent，分别表示键盘按键按下与键盘按键抬起。这两个类中都封装了按钮的编码等信息。

5.2 Flutter 布局技术

关于常用的布局容器，我们在第 4 章中已经详细介绍过了，本节更深入地理解 Flutter 中的布局技术。布局是应用界面开发的核心部分，Flutter 提供了丰富的布局组件来帮助开发者进行界面布局。之前我们学习的容器组件 Row、Column、Container 等都属于 Flutter 提供的布局组件。

5.2.1 再看 Container 容器组件

Container 组件是一个非常方便的单组件布局容器。如果其子组件尺寸小于 Container 组件本身，就可以使用 alignment 属性控制其子组件的对齐方式。alignment 类定义的相关对齐方式本节不再重复。以左上对齐与居中对齐为例，效果如图 5-4 和图 5-5 所示。

图 5-4　进行左上对齐

图 5-5　进行居中对齐

在使用 alignment 属性控制组件对齐方式的前提下，可以设置 padding 属性来实现子组件相对 Container 边缘的边距调整，例如将 padding 属性设置如下：

```
padding: EdgeInsets.only(left: 20,top: 60,right: 100)
```

其意义是子组件与 Container 保持左边距 20 单位，上边距 60 单位，右边距 100 单位，效果如图 5-6 所示。

如果要设置 Container 组件与其父容器之间的间距，就可以使用 margin 属性进行设置，效果如图 5-7 所示。

图 5-6　使用 padding 属性控制边距

图 5-7　使用 margin 属性控制外边距

若要对整个 Container 组件进行三维变换布局，则可以对其 transform 属性进行设置，例如：

```
transform: Matrix4.rotationZ(3.14/16)
```

上面代码的作用是将视图沿 z 轴进行旋转，效果如图 5-8 所示。

Matrix4 是 Flutter 中定义的一个 4D 矩阵，用来存储视图空间显示状态，可以使用 16 个浮点类型的参数对齐进行初始化，也可以使用 4 个 4D 向量对其进行初始化。其实在实际使用中，表 5-7 中这些构造方法更常用。

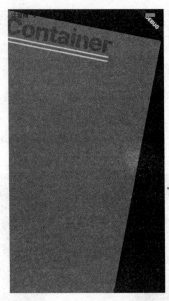

图 5-8 对组件进行三维变换

表 5-7 常用的构建方法

构造方法	参数	意义
Matrix4.compose(Vector3 translation, Quaternion rotation, Vector3 scale)	translation 设置位移 rotation 设置旋转 scale 设置形变	通过位移、旋转和形变相关量值来构造对象
Matrix4.diagonal3(Vector3 scale)	scale 设置形变在 3 个方向上的缩放	进行缩放变换
Matrix4.diagonal3Values(double x, double y, double z)	x、y、z 设置 3 个方向上的缩放比例	进行缩放变换
Matrix4.inverted(Matrix4 other)	other 设置为 4D 矩阵对象	进行矩阵反置
Matrix4.rotationX(double radians)	radians 设置旋转弧度	设置 x 轴旋转
Matrix4.rotationY(double radians)	radians 设置旋转弧度	设置 y 轴旋转
Matrix4.rotationZ(double radians)	radians 设置旋转弧度	设置 z 轴旋转
Matrix4.translation(Vector3 translation)	translation 设置平移参数	进行平移变换
Matrix4.translationValues(double x, double y, double z)	x、y、z 参数分别设置 3 个方向的平移	进行平移变换

5.2.2 Padding 布局

Padding 组件是简化版的 Container 组件，其中只能有一个子组件，通过设置 padding 属性来约束其内边距，例如：

```
Padding(padding: EdgeInsets.only(left: 20,top: 60),child:
Text("Container",style: TextStyle()));
```

效果如图 5-9 所示。

图 5-9　使用 Padding 布局

5.2.3　Center 布局

Center 组件是简化版的 Container 组件，其将内部组件直接进行居中布局，例如：

```
Center(child: Text("Container"),);
```

效果如图 5-10 所示。

图 5-10　使用 Center 布局

需要注意，widthFactor 和 heightFactor 属性分别设置组件的宽度和高度是子组件宽度和高度的多少倍。

5.2.4 FittedBox 布局

FittedBox 组件管理其子组件的对齐模式和缩放模式。其中，alignment 属性用来设置对齐模式，fit 属性用来设置缩放模式。如图 5-11 所示，图中十分清晰地解释了每种缩放模式对应的 FittedBox 组件与子组件的缩放关系。

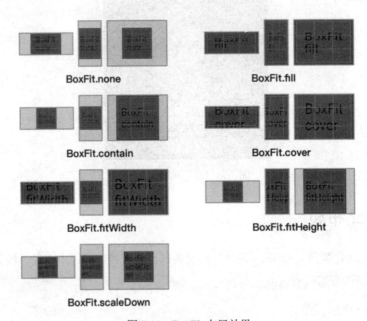

图 5-11　BoxFit 布局效果

5.2.5 ConstrainedBox 布局

ConstrainedBox 布局也是一种特殊的 Container 组件，其可以对子组件进行尺寸的约束，示例如下：

```
return new Center(
    child: new ConstrainedBox(
    constraints: BoxConstraints(maxWidth: 100,maxHeight: 100),
    child: new Container(
        color: Colors.red,
    ),
    ),
);
```

BoxConstraints 可以使用 minWidth 和 maxWidth 设置子组件的最小宽度和最大宽度，minHeight 和 maxHeight 设置子组件的最小高度和最大高度。上面的代码约束子组件的最大宽度和最大高度都为 100 单位，运行效果如图 5-12 所示。

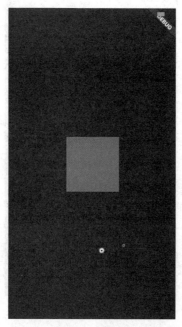

图 5-12　ConstrainedBox 布局效果

5.2.6　抽屉布局

在前面学习 Scaffold 组件时，我们知道这个 Scaffold 脚手架可以添加抽屉视图，前面的示例代码直接使用 Column 布局组件创建了抽屉视图，其实在 Flutter 的组件库中，还提供了一个 Drawer 组件，这个组件一般会与列表视图 ListView 组件组合进行使用，示例如下：

```
drawer: Drawer(
   child: ListView(
     children: <Widget>[
       Text("列表选项1"),
       Text("列表选项2"),
       Text("列表选项3"),
       Text("列表选项4"),
     ],
   ),
)
```

效果如图 5-13 所示。

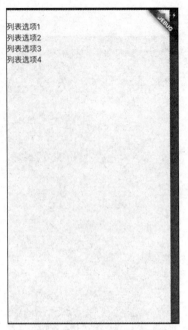

图 5-13 抽屉视图 Drawer 组件效果

5.3 高级用户交互组件

对于移动端的应用程序来说，与用户最重要的交互方式便是手势与键盘输入。关于键盘输入，前面介绍了相关表单的应用。手势交互最重要的载体就是各种各样的按钮和滑块。本节将介绍 Flutter 中提供的更多高效美观的用户交互组件。

5.3.1 复选按钮 Checkbox 组件

Checkbox 用来创建选择框，其提供了选中和非选中两种状态。示例代码如下：

```
bool selected = true;
Center(
    child: Column(
      children: <Widget>[
        Checkbox(value: selected, onChanged: (select){
          print(select);
          setState((){
            selected = select;
          });
        }),
        Checkbox(value: true, onChanged: null),
        Checkbox(value: false, onChanged: null)
      ],
```

```
        ),
      ),
    );
```

运行效果如图 5-14 所示。

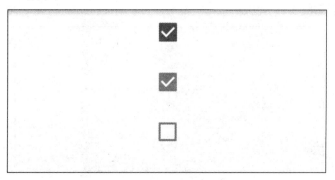

图 5-14　Checkbox 组件展示效果

Checkbox 组件的常用属性如表 5-8 所示。

表 5-8　Checkbox 组件的常用属性

属性名	意义	值类型
activeColor	设置选中状态的颜色	Color 对象
tristate	设置选择框是否为三态的，即选中、不选中和未知，value 值分别对应 true、false 和 null	bool 对象

5.3.2　单选按钮 Radio 组件

和 Checkbox 组件不同的是，Radio 组件用来创建一组互斥的单选框，组内的单选框同时只有一个可以选中。示例代码如下：

```
var radioValue = 1;
Column(
    children: <Widget>[
        Radio(activeColor: Colors.red,value: 1, groupValue: this.radioValue,
onChanged: (value){
            setState((){
                radioValue = value;
            });
        }),
        Radio(value: 2, groupValue: this.radioValue, onChanged: (value){
            setState((){
                radioValue = value;
            });
        }),
         Radio(value: 3, groupValue: this.radioValue, onChanged: (value){
            setState((){
                radioValue = value;
```

```
        });
      })
    ],
)
```

运行工程，效果如图 5-15 所示。

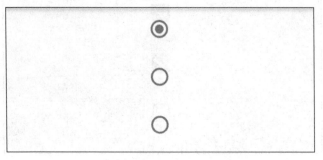

图 5-15 Radio 单选框组件效果

需要注意，Radio 组件在设计时应用了泛型的特性，其 value 值的类型并不限制，同一个组中的 value 类型必须一致，并且使用 groupValue 属性来标记选中的单选按钮的 value 值。Radio 组件中的 activeColor 属性用来设置选中状态下的颜色。

5.3.3 切换按钮 Switch 组件

Switch 组件是一个开关按钮，在应用程序的设置界面，通常会提供很多配置项供用户设置，示例代码如下：

```
import 'package:flutter/material.dart';
class SwitchView extends StatefulWidget {
  @override
  State<StatefulWidget> createState() {
    // TODO: implement createState
    return _SwitchViewState();
  }
}
class _SwitchViewState extends State<SwitchView> {
  bool selected = true;
  @override
  Widget build(BuildContext context) {
    return Scaffold(
      appBar: AppBar(
        title: Text("Switch 组件"),
      ),
      body: Switch(value: selected,onChanged: (value){
        setState(() {
          selected = value;
        });
      },)
    );
```

```
    }
  }
```

需要注意,只要是可进行用户交互的组件,都需要将其封装为状态,StatefulWidget 组件是只可以通过用户交互改变状态的组件,后面会专门介绍。

运行代码,效果如图 5-16 所示。

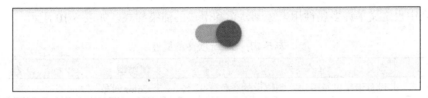

图 5-16 Switch 组件效果

Switch 组件的常用属性如表 5-9 所示。

表 5-9 Switch 组件的常用属性

属性名	意义	值类型
activeColor	设置开关开启状态下的颜色	Color 对象
activeThumbImage	设置激活状态的按钮滑块图片	ImageProvider 对象
activeTrackColor	设置激活状态的轨道颜色	Color 对象
inactiveThumbColor	设置关闭状态下的滑块颜色	Color 对象
inactiveThumbImage	设置关闭状态下的轨道图片	ImageProvider 对象
inactiveTrackColor	设置关闭状态下的轨道颜色	Color 对象

5.3.4 滑块按钮 Slider 组件的应用

在应用开发中,我们经常会遇到类似具有音量调节、亮度调节等功能的组件,Slider 组件非常适用于这种需求,示例代码如下:

```
class _SliderViewState extends State<SliderView> {
  double sliderValue = 0;
  @override
  Widget build(BuildContext context) {
    // TODO: implement build
    return Scaffold(
      appBar: AppBar(
        title: Text("Switch 组件"),
      ),
      body: Slider(onChanged: (v){
        setState(() {
          sliderValue = v;
        });
      },value:sliderValue)
    );
  }
}
```

效果如图 5-17 所示。

图 5-17　Slider 滑块组件渲染效果

Slider 类中也定义了许多属性用来控制轨道和滑块的渲染样式，如表 5-10 所示。

表 5-10　Slider 类中的属性

属性名	意义	值类型
activeColor	设置滑块以及滑块左侧轨道的颜色	Color 对象
divisions	设置分步数，设置后，滑动条被分成集散的几部分	int 对象
inactiveColor	设置滑块右侧轨道的颜色	Color 对象
onChanged	滑块的值变化时回调的方法	有一个 double 类型参数的函数对象
onChangeEnd	滑块的值变化结束后回调的方法	有一个 double 类型参数的函数对象
onChangeStart	滑块的值变化开始的时候回调的方法	有一个 double 类型参数的函数对象

5.3.5　日期时间选择弹窗

在开发应用程序时，我们经常会遇到需要用户选择日期或时间的场景。例如，个人信息中需要用户选择出生年月日，票务类软件在用户订票时需要选择日期和时间，等等。在 Flutter 中，提供了专门的组件来弹出时间日期选择组件，示例代码如下：

```
import 'package:flutter/material.dart';

class DatePickerView extends StatelessWidget {
  @override
  Widget build(BuildContext context) {
    // TODO: implement build
    return Scaffold(
      appBar: AppBar(
        title: Text("DatePicker组件"),
      ),
      body: RaisedButton(child: Text("点我"),
        onPressed: (){
          showDatePicker(context: context, initialDate: DateTime.now(),
firstDate: DateTime(2009,5,1,11,21,33), lastDate:
DateTime(2029,5,1,11,21,33)).then((DateTime val) {
            print(val);
          }) ;
        },)
    );
  }
}
```

上面的代码创建了一个功能按钮，当单击按钮时，弹出日期选择组件，showDatePicker 将返回一个 Future 对象，Future 对象用来进行异步编程，当用户选择了一个日期后，将会回调 then 方法中定义的回调函数。代码运行效果如图 5-18 所示。

图 5-18　日期选择器组件效果

可以通过修改 showDatePicker 方法的 initialDatePickerMode 参数来设置日期选择器的类型，默认是以天为单位的日期选择，也可以设置为以年为单位的选择模式，示例如下：

```
RaisedButton(child: Text("点我"),onPressed: (){
            showDatePicker(context: context, initialDate: DateTime(2019,4,1),
firstDate: DateTime(2011,1,1), lastDate:
DateTime(2019,5,1,11,21,33),initialDatePickerMode:
DatePickerMode.year).then((DateTime val) {
              print(val);
            }) ;
},)
```

效果如图 5-19 所示。

图 5-19　年份选择器组件效果

showDatePicker 方法中参数的意义如表 5-11 所示。

表 5-11　showDatePicker 方法中参数的意义

参数名	意义
context	界面构建上下文
initialDate	初始化选中的日期
firstDate	组件的起始日期
lastDate	组件的结束日期
initialDatePickerMode	组件的模式，day 为日期选择模式，year 为年份选择模式
locale	本地化设置

Flutter 中还提供了一个方法用来弹出时间选择弹窗，示例如下：

```
showTimePicker(context: context, initialTime: TimeOfDay.now());
```

效果如图 5-20 所示。

图 5-20　时间选择组件效果

5.3.6　各种样式的弹窗组件

SimpleDialog 组件是 Flutter 提供的供开发者进行自定义弹窗的组件。其设计和使用都非常简单，当用户触发了某些交互时间时，使用 showDialog 方法弹出窗口，示例如下：

```
RaisedButton(
child: Text("弹出弹窗"),
    onPressed: (){
        showDialog(context: context,
            child:
            SimpleDialog(
                contentPadding: EdgeInsets.all(10.0),
                title: new Text('我是标题'),
                children: <Widget>[
                  new Text('内容1'),
                  new Text('内容2'),
                  new Text('内容3'),
                ]
            )
        );
    })
```

运行代码，效果如图 5-21 所示。

图 5-21　自定义简单弹窗

Flutter 中同时专门封装了一个警告弹窗组件 AlertDialog，使用示例如下：

```
RaisedButton(
    child: Text("弹出弹窗"),
        onPressed: (){
          showDialog(context: context,
          child:
          AlertDialog(
            title: Text("警告"),content: Text("内容部分xxxxxxx"),actions:
<Widget>[RaisedButton(child: Text("按钮1")),RaisedButton(child: Text("按钮
2"))],),
          );
    })
```

运行效果如图 5-22 所示。

调用 showModalBottomSheet 方法可以直接在当前页面中弹出自定义的底部抽屉视图，例如：

```
RaisedButton(
    child: Text("弹出弹窗"),
        onPressed: (){
          showModalBottomSheet(
            context: context,
            builder: (BuildContext context) {
              return new Container(
                height: 300.0,
                child: new Text("底部抽屉"),
              );
```

```
        },
      ).then((val) {
        print("收起");
      });
  })
```

showModalBottomSheet 方法的 then 回调会在抽屉弹窗收起时被回调，运行效果如图 5-23 所示。

图 5-22　警告弹窗效果　　　　　　　　图 5-23　底部弹窗效果

除了前面介绍的这些弹窗组件外，使用 SnackBar 组件可以弹出底部通知栏，并且默认情况下，通知栏显示一段时间后会自动消失，示例代码如下：

```
Scaffold(
    appBar: AppBar(
      title: Text(widget.title),
    ),
    body: new Builder(builder: (BuildContext context){
      return Center(
        child: Column(
          mainAxisAlignment: MainAxisAlignment.center,
          children: <Widget>[
            RaisedButton(child: Text("通知"),onPressed: (){
              final snackBar = new SnackBar(content: new Text('这是一个 SnackBar!'));
              Scaffold.of(context).showSnackBar(snackBar);
            },)
            ,
```

```
            ],
          ),
        );
      })
);
```

运行代码，效果如图 5-24 所示。

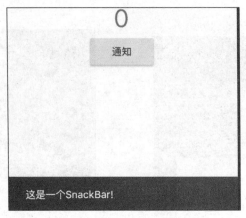

图 5-24　底部通知栏效果

5.3.7　扩展面板组件的应用

扩展面板也被称为折叠面板，扩展面板可以随用户的交互而进行折叠或展开，使用十分方便。在 Flutter 中，使用 ExpansionPanel 创建折叠面板，在实际应用中，更多时候会使用一组折叠面板来组合成可折叠列表，ExpansionPanel 通常会和 ExpansionPanelList 组合使用，示例如下：

```
ExpansionPanelList(
    children: [
        ExpansionPanel(
          headerBuilder: (BuildContext context,bool isExpanded){
            return Container(
              padding: EdgeInsets.all(16),
              child:  Text("扩展列表"),
            );
          },
          body: Container(
            padding: EdgeInsets.all(16),
            width: double.infinity,
            child:  Text("选项A"),
          ),
          isExpanded: true
        ),
        ExpansionPanel(
          headerBuilder: (BuildContext context,bool isExpanded){
            return Container(
              padding: EdgeInsets.all(16),
```

```
            child: Text("扩展列表"),
          );
        },
        body: Container(
          padding: EdgeInsets.all(16),
          width: double.infinity,
          child: Text("选项A"),
        ),
        isExpanded: false
      )
    ],
  )
```

运行代码，效果如图 5-25 所示。

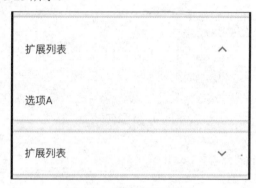

图 5-25 可折叠列表样式

如上面的代码所示，ExpansionPanel 类的 body 属性用来设置折叠面板中可折叠的组件；headerBuilder 属性设置折叠面板头部组件，这个属性需要设置为一个回调函数，回调函数中会将组件的上下文以及是否是折叠状态这些信息传入，我们可以根据需要来返回要渲染的组件；isExpanded 属性用来设置折叠面板当前是否是展开的，通过控制这个属性来响应用户的交互操作。

5.3.8 按钮组相关组件

前面我们介绍过 Flutter 中提供的各式各样的按钮组件，但它们都是独立的功能按钮，本节将介绍 Flutter 中用来提供一组功能按钮的组件。

PopupMenuButton 组件用来提供一个弹出菜单，当用户单击按钮后，会弹出一个功能菜单，其中可以提供多个功能按钮，并可以通过分割线进行分组，示例如下：

```
import 'package:flutter/material.dart';
class ButtonGroupView extends StatelessWidget {
  @override
  Widget build(BuildContext context) {
    return Scaffold(
      appBar: AppBar(
        title: Text("Form组件"),
      ),
      body: Column(
```

```
              children: <Widget>[
                PopupMenuButton(
                  child: Text("弹出普通菜单"),
                  itemBuilder: (BuildContext context){
                    return <PopupMenuEntry>[
                      PopupMenuItem(
                        child: Text("item1"),
                            enabled: false,
                      ),
                      PopupMenuItem(
                        child: Text("item2"),
                      ),
                      PopupMenuDivider(
                      ),
                      PopupMenuItem(
                        child: Text("item3"),
                      ),
                    ];
                  },
                ),
              ],
            ),
          );
        }
      }
```

如上面的代码所示,其中 PopupMenuItem 用来创建功能按钮,其 enabled 属性控制当前按钮是否可用,PopupMenuDivider 用来创建一条分割线,可以对按钮进行分组,运行代码效果如图 5-26 所示。

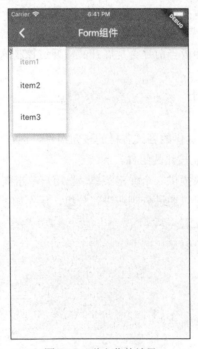

图 5-26　弹出菜单效果

除了 PopupMenuButton 组件外，Flutter 中还提供了 ButtonBar 组件可以对一组按钮进行水平布局，示例如下：

```
ButtonBar(
        children: <Widget>[
          RaisedButton(
            child: Text("按钮1"),
            onPressed: (){},
          ),
          RaisedButton(
            child: Text("按钮2"),
            onPressed: (){},
          ),
        ],
        alignment: MainAxisAlignment.center,
      )
```

运行代码，效果如图 5-27 所示。

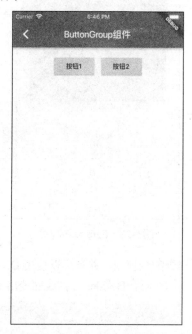

图 5-27　ButtonBar 组件效果

5.3.9　Card 组件

Card 组件提供了一种简单的方式创建卡片视图，目前卡片式设计在移动端应用程序设计中十分流行，使用 Card 组件可以方便地构建出圆角且带阴影效果的卡片视图，示例如下：

```
Card(
    child: Container(
      width: MediaQuery.of(context).size.width - 60,
      height: 300,
```

```
    ),
  color: Colors.red,
  shape: RoundedRectangleBorder(
    borderRadius: BorderRadius.all(Radius.circular(10)),
  ),
  borderOnForeground: false,
  margin: EdgeInsets.all(30),
  elevation: 15,
)
```

如上面的代码所示，其中大部分属性我们之前都使用过，elevation 属性用来设置阴影的深度，运行代码，效果如图 5-28 所示。

图 5-28 Card 视图样式

通常情况下，卡片视图会和列表配合使用，并且可以使用 Divider 组件来创建卡片之间的分割线。关于列表视图的使用后面会专门介绍，Divider 分割线的使用非常简单，示例如下：

```
Divider(
    height: 2,
    indent: 30,
    endIndent: 30,
    color: Colors.black26,
),
```

其中，height 属性设置分割线的高度，indent 属性设置分割线的首部缩进，endIndent 属性设置分割线的尾部缩进，color 属性设置分割线的颜色，效果如图 5-29 所示。

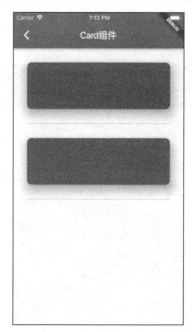

图 5-29　Card 视图与 Divider 分割线配合使用

5.3.10　指示类视图组件

在应用开发中，指示类视图组件也非常重要，例如提示栏、进度条等。ToolTip 组件可以为其他组件提供工具信息，例如对于一个 Text 文本组件，当用户长按时，可以让其弹出一个提示文本，示例代码如下：

```
Tooltip(
   child: Text("工具提示"),
   message: "提示信息",
)
```

Tooltip 组件在某些场景下非常实用，例如对于某个功能按钮进行解释。

Flutter 中提供了两种进度条组件，分别是线形的进度条和圆形的进度条，其使用非常简单，并且可以配合动画对象在进度变化的时候展示颜色上的动画渐变，示例代码如下：

```
Column(
  children: <Widget>[
   LinearProgressIndicator(
     backgroundColor: Colors.red,
     value: 0.1,
   ),
   CircularProgressIndicator(
     backgroundColor: Colors.red,
     value: 0.2,
     strokeWidth: 3,
   )
  ],
```

)

运行代码,效果如图 5-30 所示。

图 5-30 进度组件效果

5.4 对组件进行绘制与修饰

实际开发中,很多时候我们需要对组件的渲染进行特殊的绘制或修饰,例如修改组件渲染的透明度、对组件进行裁剪等。Flutter 中提供了一系列的修饰组件来处理这类场景。

5.4.1 Opacity 组件

Opacity 组件用来控制其渲染内容的透明度,通过其 opacity 属性设置透明度比例,opacity 属性的取值范围为 0~1,示例代码如下:

```
Opacity(
  child: Image.asset("assets/iconImg.png"),
  opacity: 0.5,
)
```

5.4.2 DecoratedBox 组件

DecoratedBox 组件用来对其内容的边框、背景进行修饰，与 Container 组件配置 decoration 属性的作用一致，示例如下：

```
Container(
  child: DecoratedBox(
    decoration: BoxDecoration(
        borderRadius: BorderRadius.all(Radius.circular(20)),
        color: Colors.red),
  ),
  width: 200,
  height: 200,
)
```

5.4.3 裁剪相关组件

如果需要使用到特殊边界的组件，那么可以尝试使用裁剪组件来实现，ClipOval 组件支持使用圆形进行边界裁剪，示例如下：

```
ClipOval(
  child: Container(
    color: Colors.red,
    width: 100,
    height: 100,
  ),
  clipBehavior: Clip.hardEdge,
)
```

ClipOval 组件可配置的属性如表 5-12 所示。

表 5-12 ClipOval 组件可配置的属性

属性名	意义	值类型
clipBehavior	设置裁剪模式	Clip 枚举： none hardEdge antiAlias antiAliasWithSaveLayer
clipper	设置自定义的裁剪路径	CustomClipper 类对象

运行上面的代码，效果如图 5-31 所示。

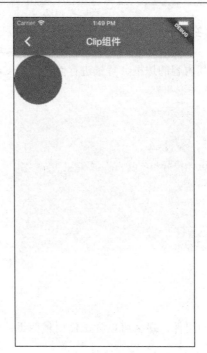

图 5-31 对边界进行圆形裁剪

ClipRect 组件用来进行矩形裁剪，子组件超出的范围会被以矩形的方式裁剪掉，示例如下：

```
ClipRect(
  child: Align(
    alignment: Alignment.topCenter,
    heightFactor: 0.5,
    child: Image.asset("assets/iconImg.png"),
  ),
)
```

除了 ClipOval 与 ClipRect 组件外，对于组件的裁剪，更多时候我们会使用 ClipPath 组件，这个组件通过路径在绘制边界进行裁剪，示例如下：

```
import 'package:flutter/material.dart';
class ClipView extends StatelessWidget {
  @override
  Widget build(BuildContext context) {
    // TODO: implement build
    return Scaffold(
      appBar: AppBar(
        title: Text("Clip组件"),
      ),
      body:Column(
        children: <Widget>[
          ClipPath(
            child: Container(
              color: Colors.red,
              width: 200,
```

```
            height: 200,
          ),
          clipper: _MyClipper(),
        )
      ],
    )
  );
}
class _MyClipper extends CustomClipper<Path> {
  @override
  Path getClip(Size size) {
    Path p = Path();
    p.moveTo(0, 0);
    p.lineTo(50, 50);
    p.lineTo(100, 150);
    p.lineTo(100, 200);
    p.lineTo(30, 200);
    p.lineTo(0,0);
    return p;
  }
  @override
  bool shouldReclip(CustomClipper<Path> oldClipper) {
    return true;
  }
}
```

上面的代码自定义了一个继承于 CustomClipper 类的裁剪子类，其中 getClip 方法用来定义要裁剪的边界路径。关于路径的绘制，后面会具体介绍。运行代码，效果如图 5-32 所示。

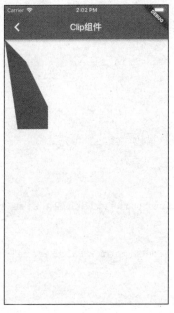

图 5-32　根据自定义的路径进行边界裁剪

5.4.4 CustomPaint 组件

CustomPaint 组件是自定义的绘制组件,这是 Flutter 中非常高级的一个组件,使用它可以绘制出任意需要的图形。示例如下:

```dart
import 'package:flutter/material.dart';

class CustomPaintView extends StatelessWidget {
  @override
  Widget build(BuildContext context) {
    return Scaffold(
      appBar: AppBar(
        title: Text("CustomPaint 组件"),
      ),
      body:CustomPaint(
        painter: _MyPainter(),
        child: Center(
          child: Text(
            'CustomPaint 组件',
            style: const TextStyle(
              fontSize: 40.0,
              fontWeight: FontWeight.w900,
              color: Color(0x44000000),
            ),
          ),
        ),
      )
    );
  }
}
class _MyPainter extends CustomPainter {
  @override
  void paint(Canvas canvas, Size size) {
    // 创建画笔
    Paint p = Paint();
    // 设置画笔颜色
    p.color = Colors.red;
    // 设置绘制模式,stroke: 描边,fill: 填充
    p.style = PaintingStyle.stroke;
    // 设置画笔宽度
    p.strokeWidth = 3;
    canvas.drawCircle(Offset(size.width/2, size.height/2),size.width/3,p);
  }
  @override
  bool shouldRepaint(CustomPainter oldDelegate) {
    return true;
  }
}
```

运行代码,效果如图 5-33 所示。

第 5 章 Flutter 组件进阶

图 5-33 CustomPaint 组件效果

CustomPaint 组件通过自定义的 CustomPainter 进行背景的绘制，Flutter 中的自定义图形绘制采用 Canvas 完成，Canvas 可以理解为一张空白的画布，开发者可以通过接口方法进行绘制。Canvas 对象可调用的方法如表 5-13 所示。

表 5-13 Canvas 对象可调用的方法

方法名	意义	参数
save	保存绘制状态	无
restore	恢复保存的状态	无
translate	平移画布	(x,y) x：水平平移位置 y：垂直平移位置
rotate	旋转画布	radians：旋转角度
skew	倾斜画布	(x,y) x：水平方向倾斜位置 y：垂直方向倾斜位置
drawLine	在画布上绘制一条线段	(Offset p1, Offset p2, Paint paint) p1：线段起点 p2：线段终点 paint：画笔对象
drawPaint	使用指定的画笔填充画布	(Paint paint) paint：画笔对象

（续表）

方法名	意义	参数
drawRect	在画布上绘制一个矩形	(Rect rect, Paint paint) rect：矩形对象 paint：画笔对象
drawRRect	在画布上绘制一个圆角矩形	(RRect rrect, Paint paint) rrect：圆角矩形对象 paint：画笔对象
drawDRRect	在画布上绘制一个双层圆角矩形	(RRect outer, RRect inner, Paint paint) outer：外部圆角矩形 inner：内部圆角矩形 paint：画笔对象
drawOval	在画布上绘制一个椭圆	(Rect rect, Paint paint) rect：椭圆的矩形边框 paint：画笔对象
drawCircle	在画布上绘制一个正圆	(Offset c, double radius, Paint paint) c：圆心位置 radius：半径 paint：画笔对象
drawArc	在画布上绘制圆弧	(Rect rect, double startAngle, double sweepAngle, bool useCenter, Paint paint) rect：圆弧边界 startAngle：起始角度 sweepAngle：圆弧角度 useCenter：是否闭合 paint：画笔对象
drawPath	在画布上绘制路径	(Path path, Paint paint) path：路径对象 paint：画笔对象
drawImage	在画布上绘制图像	(Image image, Offset p, Paint paint) image：图片对象 p：位置 paint：画笔对象
drawPoints	在画布上绘制一组点	(PointMode pointMode, List<Offset> points, Paint paint) pointMode：模式 points：点列表 paint：画笔对象

（续表）

方法名	意义	参数
drawShadow	在画布上绘制阴影	(Path path, Color color, double elevation, bool transparentOccluder) path：阴影路径对象 color：阴影颜色 elevation：阴影深度 transparentOccluder：透明度

表 5-13 列举的 Canvas 相关方法中提到了 Path 对象，这个对象用来描述图形路径。Path 对象中的常用方法如表 5-14 所示。

表 5-14　path 对象中的常用方法

方法名	意义	参数
moveTo	将画笔移动到某个点	(double x, double y) x：横坐标 y：纵坐标
lineTo	从当前点移动到参数点向路径中添加一段线段	(double x, double y) x：横坐标 y：纵坐标
quadraticBezierTo	添加一个 2 次的贝塞尔曲线	(double x1, double y1, double x2, double y2) x1：第一个点横坐标 y1：第一个点纵坐标 x2：第二个点横坐标 y2：第二个点纵坐标
cubicTo	添加一个 3 次的贝塞尔曲线	(double x1, double y1, double x2, double y2, double x3, double y3) x1：第一个点横坐标 y1：第一个点纵坐标 x2：第二个点横坐标 y2：第二个点纵坐标 x3：第三个点横坐标 y3：第三个点纵坐标
arcTo	添加圆弧	(Rect rect, double startAngle, double sweepAngle, bool forceMoveTo) rect：圆弧边界 startAngle：起始角度 sweepAngle：圆弧角度 forceMoveTo：是否强制移动

（续表）

方法名	意义	参数
arcToPoint	添加圆弧	(Offset arcEnd, { 　　Radius radius = Radius.zero, 　　double rotation = 0.0, 　　bool largeArc = false, 　　bool clockwise = true, }) arcEnd：终止点 radius：半径 rotation：旋转 largeArc：是否取较大部分的圆弧 clockwise：是否逆时针
addRect	添加矩形	(Rect rect) rect：矩形对象
addPolygon	添加多边形	(List<Offset> points, bool close) points：多边形顶点列表 close：是否闭合
addRRect	添加圆角矩形	(RRect rrect) rrect：圆角矩形对象
addPath	添加另一段路径	(Path path, Offset offset, {Float64List matrix4}) path：路径对象 offset：位置 matrix4：变换矩阵
close	关闭路径	无
reset	重置路径	无

5.5　内容可滚动组件

Flutter 的主要用武之地是开发跨平台的移动端应用程序。移动端应用程序的一大特点是在有限尺寸的屏幕上展示尽量多的内容，这就使得可滚动视图在移动应用中有着广泛的使用。

5.5.1　GridView 组件的应用

GridView 是非常强大的一个二维流式布局滚动视图，下面的代码实现了一个简单的 GridView 二维布局：

```
GridView.builder(itemCount: 10,gridDelegate:
SliverGridDelegateWithFixedCrossAxisCount(crossAxisCount: 4,mainAxisSpacing: 10,
```

```
childAspectRatio: 1,crossAxisSpacing: 10), itemBuilder: (BuildContext context,int
index){
            return Container(
              color: Colors.red,
              child: Text("第${index}个元素"),
            );
        })
```

代码运行效果如图 5-34 所示。

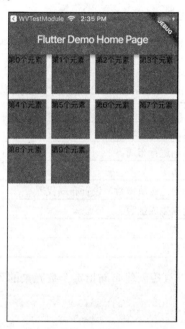

图 5-34　简单的 GridView 布局效果

GridView 提供了许多种构造方法供开发者使用，通过不同的构造方法，开发者可以根据需要快速创建各种复杂的流式布局视图。上面的示例代码中使用 GridView.build 方法定义按需创建的流布局列表视图。

GridView 的默认构造方法通过自定义的代理对象来创建列表视图，示例如下：

```
GridView(scrollDirection: Axis.vertical,children: <Widget>[Container(child:
Text("数据 1"),color: Colors.red,),Container(child: Text("数据 2"),color:
Colors.red,)],gridDelegate:
SliverGridDelegateWithFixedCrossAxisCount(crossAxisCount: 4,crossAxisSpacing:
10,mainAxisSpacing: 10))
```

GridView 默认构造方法中，参数解析如表 5-15 所示。

表 5-15　GridView 默认构造方法中的参数解析

参数名	意义	值类型
scrollDirection	设置视图的可滚动方向	axis：枚举 horizontal：水平方向 vertical：竖直方向

(续表)

参数名	意义	值类型
Reverse	是否反向进行布局	bool 值
padding	设置内边距	EdgeInsetsGeometry
cacheExtent	设置缓存区	double 类型
children	设置列表中的元素	组件数组
gridDelegate	这个参数是必填参数，设置布局代理	SliverGridDelegate 实例

GridView.build 构造方法可以提供一个自定义的列表组件生成函数，这个构造方法中的参数解析如表 5-16 所示。

表 5-16 GridView.build 构造方法中的参数解析

参数名	意义	值类型
scrollDirection	设置视图的可滚动方向	Axis 枚举
reverse	是否反向进行布局	bool 值
padding	设置内边距	EdgeInsetsGeometry
gridDelegate	这个参数是必填参数，设置布局代理	SliverGridDelegate 实例
itemBuilder	列表元素生成函数	函数
itemCount	元素个数	int 值
cacheExtent	设置缓存区	double 类型

GridView.count 构造方法可以直接创建布局指定个数元素的列表视图，示例如下：

```
GridView.count(crossAxisCount: 3,mainAxisSpacing: 10,crossAxisSpacing: 20,childAspectRatio: 2,children: <Widget>[
    Container(child: Text("元素"),color: Colors.red,),
    Container(child: Text("元素"),color: Colors.red,),
    Container(child: Text("元素"),color: Colors.red,),
    Container(child: Text("元素"),color: Colors.red,),
    Container(child: Text("元素"),color: Colors.red,),
    Container(child: Text("元素"),color: Colors.red,),
    ],
)
```

运行代码，效果如图 5-35 所示。

GridView.count 方法无须设置布局代理，其直接通过参数来设置布局属性。需要注意，GridView 在布局时有主轴和次轴之分，与 GridView 滚动方向保持一致的轴为主轴，与主轴保持垂直的轴为次轴。GirdView.count 构造方法的参数与之前介绍的构造方法的不同之处解析如表 5-17 所示。

表 5-17 GridView.count 构造方法的参数的不同之处

参数名	意义	值类型
crossAxisCount	设置次轴方向每一行/列元素的个数	int 值
mainAxisSpacing	设置主轴方向上元素的间距	double 值
crossAxisSpacing	设置次轴方向上元素的间距	double 值
childAspectRatio	设置元素宽高比	double 值

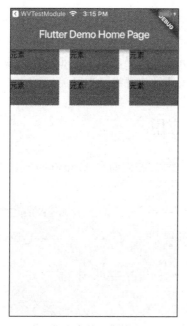

图 5-35　布局指定个数元素的 GridView 视图

GridView.extent 构造方法可以设置元素在次轴上扩展到指定的宽度，这个构造方法使用时不需要设置次轴方向上的元素个数，Flutter 会根据元素的尺寸自动进行计算，示例如下：

```
GridView.extent(mainAxisSpacing: 10,crossAxisSpacing: 20,maxCrossAxisExtent:
60,children: <Widget>[
        Container(child: Text("元素"),color: Colors.red,),
        Container(child: Text("元素"),color: Colors.red,),
        Container(child: Text("元素"),color: Colors.red,),
        Container(child: Text("元素"),color: Colors.red,),
        Container(child: Text("元素"),color: Colors.red,),
        Container(child: Text("元素"),color: Colors.red,),
],)
```

GirdView.extent 构造方法的 maxCrossAxisExtent 参数用于设置次轴方向上元素的尺寸。

除了上面提到的常用的 GridView 的构造方法处，GridView 还提供了一种构造方法，可以更加灵活地自定义元素样式和布局样式，例如：

```
GridView.custom(gridDelegate:
SliverGridDelegateWithFixedCrossAxisCount(crossAxisCount: 4,crossAxisSpacing:
10,mainAxisSpacing: 10), childrenDelegate: SliverChildListDelegate([
        Container( child:Text("元素"),color: Colors.red)
]))
```

GirdView.custom 构造方法依赖于两个对象：SliverChildDelegate 与 SliverGridDelegate，SliverChildDelegate 类与 SliverGridDelegate 类都是抽象的，在使用时，我们需要使用它们的子类。

SliverChildDelegate 有两个子类：SliverChildListDelegate 与 SliverChildBuilderDelegate，SliverChildListDelegate 通过组件列表设置 GridView 视图中渲染的元素，SliverChildBuilderDelegate 通过元素生成函数设置 GridView 视图中渲染的元素。

SliverGridDelegate 也有两个子类：SliverGridDelegateWithMaxCrossAxisExtent 和 SliverGridDelegateWithFixedCrossAxisCount，SliverGridDelegateWithMaxCrossAxisExtent 通过设置元素次轴方向的尺寸来自动进行元素的布局，SliverGridDelegateWithFixedCrossAxisCount 通过设置次轴方向上元素的个数来自适应元素的尺寸进行布局。

5.5.2 ListView 组件的应用

ListView 的使用和 GridView 类似，相比而言，GridView 要比 ListView 更加复杂一些。ListView 的使用示例如下：

```
ListView.builder(itemCount: 10,itemBuilder: (BuildContext context, int index){
        return Container(
          color: Colors.red,
          child: Text("数据${index}"),
        );
})
```

效果如图 5-36 所示。

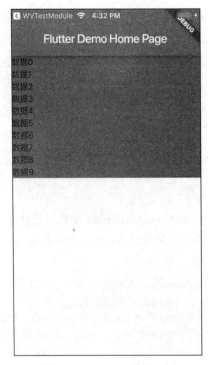

图 5-36　ListView 效果示例

5.5.3 SingleChildScrollView 组件的应用

SingleChildScrollView 组件用于创建一个滚动视图，其中只允许嵌套一个子组件，例如：

```
SingleChildScrollView(child:Column(children: <Widget>[
        Text("hahah"),
        Text("hahah"),
        Text("hahah"),
        Text("hahah"),
],),),
```

SingleChildScrollView 组件通常会和行列布局组件组合进行使用,创建出可扩展的行列布局。

5.5.4　Table 组件的应用

Table 组件用来创建表格视图,示例代码如下:

```
Table(
   border: TableBorder.all(
     color: Colors.grey,
     width: 2,
     style: BorderStyle.solid,
   ),
   children: [
     TableRow(children: [
       TableCell(
         child: Text("姓名"),
       ),
       TableCell(
         child: Text("课程"),
       )
     ]),
     TableRow(children: [
       TableCell(
         child: Text("珲少"),
       ),
       TableCell(
         child: Text("Flutter 极速入门教程"),
       )
     ])
   ])
```

运行代码,效果如图 5-37 所示。

Table 组件的 border 属性用来设置组件的边框,使用 TableRow 组件创建表格中的行,每个 TableRow 组件中可以使用 TableCell 组件创建表格中的每个网格视图,即行中的每一列。

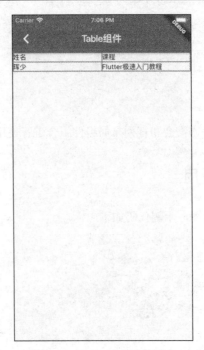

图 5-37　Table 列表组件样式

5.5.5　Flow 流式布局组件

Flow 流式布局组件是一种更加灵活的布局组件，其允许开发者根据需要自行控制其内子组件的布局位置，示例如下：

```
import 'package:flutter/material.dart';
class FlowView extends StatelessWidget {
  @override
  Widget build(BuildContext context) {
    // TODO: implement build
    return Scaffold(
      appBar: AppBar(
        title: Text("Flow组件"),
      ),
      body: Flow(
        children: <Widget>[
          Container(child: Text("Item1"),color: Colors.red, width: 100,height: 100,),
          Container(child: Text("Item2"),color: Colors.red,width: 100,height: 100),
          Container(child: Text("Item3"),color: Colors.red,width: 100,height: 100),
        ],
        delegate: _MyDelegate(),
      )
    );
```

```
    }
  }
class _MyDelegate extends FlowDelegate {
  @override
  void paintChildren(FlowPaintingContext context) {
    var x = 0.0;
    var y = 100.0;
    for (int i = 0; i < context.childCount; i++) {
      var w = context.getChildSize(i).width + x;
      if (w < context.size.width) {
        context.paintChild(i,
            transform: new Matrix4.translationValues(
                x, y, 0.0));
        x = w;
        y += 100;
      } else {
        x = 0;
        y += context.getChildSize(i).height;
        context.paintChild(i,
            transform: new Matrix4.translationValues(
                x, y, 0.0));
        x += context.getChildSize(i).width;
      }
    }
  }
  @override
  bool shouldRepaint(FlowDelegate oldDelegate) {
    return true;
  }
}
```

如上面的代码所示，Flow 组件通过其 delegate 属性来控制布局，delegate 属性需要设置为继承于 FlowDelegate 类的实例对象。在 FlowDelegate 的子类中，通过重写 paintChildren 方法来灵活地对布局进行控制，使用十分简单，也十分灵活。

运行上面的代码，效果如图 5-38 所示。

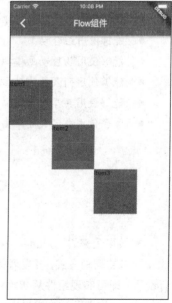

图 5-38 Flow 流式布局效果

第 6 章

动画与手势

体验极致的应用程序往往恰到好处地使用了动画技术。动画可以使应用的界面操作更加直观，使界面的变化过程更加平滑。Flutter 中的许多组件都可以使用标准的动画效果，我们也可以根据需要对动画效果进行自定义。本章将介绍 Flutter 动画开发的方方面面，并通过实例代码的演示让你能够在实际开发中熟练地应用动画技术。

关于用户交互，Flutter 提供了很多现成的组件，例如按钮相关组件，抽屉、滚动视图相关组件等，我们也可以根据需要使用自定义手势封装更加复杂的界面组件。本章还将介绍自定义手势的应用。

通过本章，你将学习到：

- 能够使用补间动画创建过渡动画效果
- 能够使用组合动画
- 能够使用物理动画模拟事物运动
- 能够使用列表操作动画
- 能够使用共享元素动画
- 学会使用自定义的单击、拖曳、滑动等手势

6.1 补间动画的应用

从效果上来看，Flutter 中的动画分为两大类，分别是补间动画和物理动画。补间动画是一种比较简单的动画方式，开发者需要定义组件的初始状态与结束状态，再对动画的过程及时间函数进行配置，即可实现组件从初始状态到结束状态的过渡动画，动画过程中具体每一帧的状态由 Flutter 进行计算。物理动画是模拟现实环境中物体运动行为的一种动画，开发者通过设置初速度、加速度、阻力等配置选项来实现组件的变换动画。

从作用对象上看，Flutter 中的动画可以分为容器布局动画与组件变换动画。容器布局动画用在容器上，当容器内的子组件进行布局变化或增删时会展示动画效果。组件变化动画作用在当前组件上，当组件的透明度、颜色、位置、尺寸等发生变化时会展示动画过渡效果。

在学习这些动画的使用方法之前，我们首先需要学习与动画相关的几个类。

6.1.1 关于 Animation 对象

动画实质上是组件一个或多个属性的持续变化，例如组件尺寸变化动画、位置变化动画、颜色值变化动画等。Animation 是一个抽象类，其中定义了动画的值以及动画当前执行的状态，并且定义了接口用来为动画值的改变或状态的改变提供监听。

可以通过 Animation 实例中的 value 属性获取动画对象当前的值，status 属性用来获取动画对象当前的状态，status 属性的值为 AnimationStatus 类型的枚举，枚举值的意义如表 6-1 所示。

表 6-1 枚举值的意义

枚举值	意义
completed	动画正向执行完成
dismissed	动画逆向执行完成
forward	动画从前向后执行
reverse	动画从后向前执行

Animation 中还有两个快捷的属性用来获取动画的执行状态，如表 6-2 所示。

表 6-2 Animation 中的两个快捷属性

属性名	意义	值类型
isCompleted	动画是否正向执行完成	bool 类型
isDismissed	动画是否逆向执行完成	bool 类型

Animation 中定义的添加监听的方法如表 6-3 所示。

表 6-3 Animation 中定义的添加监听的方法

方法名	意义	参数
addListener	添加动画值变化的监听	无参、无返回值的函数
addStatusListener	添加动画状态变化的监听	函数，会将 AnimationStatus 状态传入
removeListene	移出动画值变化的监听	函数
removeStatusListener	移出状态变化的监听	函数

6.1.2 AnimationController 动画控制器

Animation 是一个抽象类，其并不能直接进行对象的实例化，同时，Animation 类只是用来定义动画的值、状态以及回调方法，并不控制界面的渲染和动画的启动。要实现动画效果，还需要其他类的协助，AnimationController 就是其中之一。

AnimationController 类是 Animation 类的子类，它是一个动画控制器类，其可以对动画的执行时间进行设置，提供了方法开启正向执行动画、逆向执行动画或停止执行动画，并且可以对动画的值进行控制。

AnimationController 类中的核心属性如表 6-4 所示。

表 6-4 AnimationController 类中的核心属性

属性名	意义	值类型
duration	设置动画执行时间	Duration 类型
isAnimating	设置动画是否正在执行	bool 类型
lastElapsedDuration	动画已经执行的时长	Duration 类型
lowerBound	设置控制器的最小值	double 类型
status	获取当前状态	AnimationStatus 枚举
upperBound	设置控制器的最大值	double 类型
value	当前控制器的值	double 类型
velocity	获取动画的执行速度、每秒动画值的变化率	double 类型

其中，lowerBound 的默认值为 0，upperBound 的默认值为 1，当 AnimationController 被激活时，其 value 值会从 0 到 1 进行变化，开发者也可以根据需要自定义这两个属性的值作为变化范围。动画变化的速度根据动画的加速函数自动计算，借助 Tween 补间动画构建类的配合，可以将 AnimationController 值的变化映射成为界面需要的数据，例如对尺寸从 0 到 300 的变化动画，AnimaitonController 实例对象的 value 为 0 会映射成尺寸值 0，AnimationController 实例对象的 value 值为 1 则会映射成尺寸值 300。

AnimationController 中封装了对动画进行控制的方法，如表 6-5 所示。

表 6-5 AnimationController 中对动画进行控制的方法

方法名	意义	参数
animateTo	运行动画到 AnimationController 变化到指定的值	target：目标值 duration：执行时间 curve：设置时间曲线，默认为线性
forward	从某个值开始运行动画	from：起始值
repeat	重复执行动画，动画执行完成后继续启动	min：最小值 max：最大值 period：设置周期
reverse	从某个值开始逆向执行动画	from：起始值
fling	启动投掷动画	velocity：速度 animationBehavior：动画行为
stop	停止执行动画	canceled：是否取消
reset	重置动画对象，将值重置为 lowerBound	无

6.1.3 Tween 补间对象

补间动画是指在两个关键帧之间插入补帧，使得两个关键帧的变化以动画的方式呈现。补间动画的应用非常广泛，例如位置移动的补间动画、尺寸变化的补间动画、颜色变化的补间动画等。

Tween 的作用是在两个值之间进行补间，也可以理解为在一个范围内进行线性插值，并且 Tween 实例对象中提供了方法用来生成 Animation 对象。下面我们通过一个缩放动画来演示 Tween 补间对象的应用。

首先，声明一个 Animation 类型的变量与 AnimationController 类型的变量，代码如下：

```
Animation<double> animation;
AnimationController controller;
```

可以在测试工程中进行动画的演示，在 Android Studio 生成的模板工程的 main.dart 文件中找到 _MyHomePageState 类，在其中添加 initState 方法，这个方法是状态组件用来进行状态初始化的，编写如下代码：

```
@override
initState(){
  super.initState();
  //创建 AnimationController 对象，设置动画时间为 300 毫秒
  controller = AnimationController(lowerBound: 0,upperBound: 1,duration:
Duration(milliseconds:300),vsync: this);
  //创建 Tween 对象，设置起始值为 0，结束值为 300，并创建 Aniamtion 对象
  animation = Tween<double>(begin: 0, end: 300).animate(controller);
  //添加值变化的监听
  animation.addListener((){
    //刷新界面
    setState(() {
    });
  });
}
```

在创建 AnimationController 的时候，vsyn 参数是必传的，可以暂时将其设置为当前对象，将当前类混入 SingleTickerProviderStateMixin 功能，代码如下：

```
class _MyHomePageState extends State<MyHomePage> with
SingleTickerProviderStateMixin
```

编写组件代码如下：

```
@override
  Widget build(BuildContext context) {
    return Scaffold(
      appBar: AppBar(
        title: Text(widget.title),
      ),
      body: new Builder(builder: (BuildContext context){
        return Column(
          children: <Widget>[
            FlutterLogo(size: animation.value,),    //将尺寸值设置为动画对象的值
            RaisedButton(child: Text("动画"),onPressed: (){
                controller.forward(); //开始执行动画
            },)
          ],
        );
```

```
    })
  );
}
```

运行代码，单击页面上的按钮，可以看到图标组件尺寸变化的动画效果。

也可以利用 Tween 的补间实现位置移动的动画，修改组件布局代码如下：

```
@override
  Widget build(BuildContext context) {
    return Scaffold(
      appBar: AppBar(
        title: Text(widget.title),
      ),
      body: new Builder(builder: (BuildContext context){
        return Container(child: Column(
          children: <Widget>[
            FlutterLogo(size: 50),
            RaisedButton(child: Text("动画"),onPressed: (){
              controller.forward();
            },)
          ],
        ),padding: EdgeInsets.only(left: animation.value),);//通过设置padding
实现位移动画
      })
    );
  }
```

进行颜色渐变的动画也非常简单，对于颜色渐变，我们需要修改组件的 Color 值，因此需要使用 Animation<Color> 类型的 Animation 对象，修改变量声明代码如下：

```
Animation<Color> animation;
AnimationController controller;
```

使用 ColorTween 类来进行补间计算，代码如下：

```
@override
  initState(){
    super.initState();
    controller = AnimationController(lowerBound: 0,upperBound: 1,duration: Duration(milliseconds:1000),vsync: this);
    //设置初始颜色为红色，设置终止颜色为蓝色
    animation = ColorTween(begin: Colors.red, end: Colors.blue).animate(controller);
    animation.addListener((){
      setState(() {
      });
    });
  }
```

修改 Container 组件如下：

```
Container(child: Column(
```

```
          children: <Widget>[
            FlutterLogo(size: 50),
            RaisedButton(child: Text("动画"),onPressed: (){
              controller.forward();
            },)
          ],
        ),color: animation.value,width: 320,);
```

运行工程，单击页面上的按钮，可以看到页面颜色渐变的动画效果。

补间动画适用于任何属性改变的过渡动画，因此 transform 值的变化也可以使用补间动画，这样我们的动画效果就可以更加灵活。例如下面的代码实现了视图的旋转动画：

```
class _MyHomePageState extends State<MyHomePage> with SingleTickerProviderStateMixin {
  Animation<double> animation;
  AnimationController controller;
  @override
  initState(){
    super.initState();
    controller = AnimationController(lowerBound: 0,upperBound: 1,duration: Duration(milliseconds:1000),vsync: this);
    animation = Tween<double>(begin: 0,end: pi).animate(controller);
    animation.addListener((){
      setState((){
      });
    });
  }
  @override
  Widget build(BuildContext context) {
    return Scaffold(
      appBar: AppBar(
        title: Text(widget.title),
      ),
      body: new Builder(builder: (BuildContext context){
        return Container(child: Column(
          children: <Widget>[
            FlutterLogo(size: 50),
            RaisedButton(child: Text("动画"),onPressed: (){
              controller.forward();
            },)
          ],
        ),width: 320,transform: Matrix4.rotationZ(animation.value),);
      })
    );
  }
}
```

需要注意，动画激活后，Animation 对象的 value 值就会持续变化，但是 Animation 并不会驱动界面刷新，必须在监听值变化的回调中调用 setState 方法进行界面的刷新。在 Animation 状态变化的回调中，可以将动画进行循环播放，例如：

```
      animation.addStatusListener((status) {
        if (status == AnimationStatus.completed) {
          controller.reverse();
        } else if (status == AnimationStatus.dismissed) {
          controller.forward();
        }
      });
```

6.1.4 线性动画与曲线动画

所谓线性动画与曲线动画，并不是指动画的运动轨迹，而是指动画执行时的时间函数，即动画执行速率的变化方式。以移动动画为例，组件在移动动画的过程中，移动的速度可能先快后慢，可能先慢后快，也可能开始和结束时慢、中间快，这种方式的动画就是曲线动画。前面示例代码中的动画都是线性的，即匀速进行动画。

与曲线动画相关的一个非常重要的类是 CurvedAnimation 类，CurvedAnimation 类也是继承自 Animation 类的一个子类，其可以通过 Curve 曲线函数对象来构建曲线动画类。示例如下：

```
    @override
    initState(){
      super.initState();
      controller = AnimationController(lowerBound: 0,upperBound:
1,duration:Duration(milliseconds:3000),vsync: this);
      CurvedAnimation ani = CurvedAnimation(parent: controller, curve:
Curves.bounceOut);
      animation = Tween<double>(begin: 0,end: 300).animate(ani);
      animation.addStatusListener((status) {
        if (status == AnimationStatus.completed) {
          controller.reverse();
        } else if (status == AnimationStatus.dismissed) {
          controller.forward();
        }
      });
      animation.addListener((){
        print(animation.value);
        setState((){
        });
      });
    }
```

执行速率对动画产生的影响通过移动动画来观察非常直观，将上面创建的动画效果作用于容器组件上，代码如下：

```
    @override
    Widget build(BuildContext context) {
      return Scaffold(
        appBar: AppBar(
          title: Text(widget.title),
        ),
```

```
    body: new Builder(builder: (BuildContext context){
      return Container(child: Stack(
        children: <Widget>[
          Positioned(
            child: FlutterLogo(size: 30),
            top: 30,
            left: animation.value ,
          ),
          Positioned(
            child: RaisedButton(child: Text("动画"),onPressed: (){
              controller.reset();
              controller.forward();
            },),
            top: 100,
            left: 30 ,
          ),
        ],
      ),
      );
    })
  );
}
```

执行代码，可以观察到，在动画正向执行的末尾会产生回弹效果。

CurvedAnimation 类用来将某种时间曲线应用在动画上，在其构造方法中可以指定动画正向执行时使用的时间函数和动画逆向执行时使用的时间函数，也可以通过表 6-6 中的属性进行配置。

表 6-6　配置动画时间函数的属性

属性名	意义	值
curve	设置正向执行的时间函数	Curve 对象
parent	设置应用时间函数的动画	Animation<double>对象
reverseCurve	设置逆向执行的时间函数	Curve 对象

6.1.5　Curve 时间曲线函数

在 Flutter 中，Curve 相关类用来构造时间曲线，它的作用是使动画执行的速率控制更加灵活，开发者可以更加自由地控制动画的加速和减速。

Curves 类中定义了许多常量，这些常量是 Flutter 中内置的一些时间曲线，开发者可以根据需要直接使用，如表 6-7 所示。

表 6-7　Curves 类中定义的常量

名称	意义
bounceIn	动画开始处使用震荡曲线，即动画起始处进行回弹
bounceOut	动画结束处使用震荡曲线，即动画结束处进行回弹
bounceInOut	动画开始和结束处都使用震荡曲线
decelerate	减速曲线，即动画执行的速度越来越慢

（续表）

名称	意义
ease	3次曲线动画，末尾执行慢
easeIn	开始执行慢，结束执行快
easeInBack	开始执行慢，结束执行快，但是在动画开始时会先逆向减速，可以理解为动画值的变化由起始的逆向初速度和正向加速度计算得来
easeInCirc	逐渐加速执行的动画
easeInCubic	逐渐加速执行的动画
easeInQuad	逐渐加速执行的动画
easeInQuart	逐渐加速执行的动画
easeInQuint	逐渐加速执行的动画
easeInSine	逐渐加速执行的动画，曲线缓和
easeInToLinear	先加速后匀速执行的动画
easeInExpo	基于指数方程逐渐加速执行的动画
easeInOut	先加速后减速执行的动画
easeInOutBack	先加速后减速，开始和结束都会冲出边界
easeInOutCirc	先加速后减速执行的动画
easeInOutCubic	先加速后减速执行的动画
easeInOutExpo	先加速后减速执行的动画
easeInOutQuad	先加速后减速执行的动画
easeInOutQuint	先加速后减速执行的动画
easeOut	减速执行的动画
easeOutBack	减速执行，在冲出末尾边界后会回弹回来
easeOutCirc	减速执行的动画
easeOutCubic	减速执行的动画
easeOutExpo	减速执行的动画
easeOutQuad	减速执行的动画
easeOutQuart	减速执行的动画
easeOutQuint	减速执行的动画
easeOutSine	减速执行的动画
elasticIn	震荡执行的动画
elasticInOut	在开始和结束进行震荡的动画
elasticOut	在结束进行震荡的动画
fastLinearToSlowEaseIn	快速地匀速执行，并在末尾减速
fastOutSlowIn	快速开始执行并逐渐匀速到达末尾值
linear	匀速执行动画
linearToEaseOut	匀速执行逐渐减速

也可以不借助CurveAnimation类来定义时间曲线，可以直接使用CurveTween来进行时间曲线补间，示例如下：

```
@override
initState(){
```

```
    super.initState();
    controller = AnimationController(lowerBound: 0,upperBound:
1,duration:Duration(milliseconds:3000),vsync: this);
    animation = Tween<double>(begin: 30,end: 300).animate(CurveTween(curve:
Curves.easeInCubic).animate(controller));
    animation.addListener((){
      print(animation.value);
      setState((){
      });
    });
  }
```

6.1.6 动画组件

我们在使用动画时，有一点非常麻烦，就是要对 Animation 对象添加监听，并在回调函数中调用 setState 刷新界面。使用动画组件可以避免重复地编写监听 Animation 对象的相关代码。

首先，如果一个组件要进行动画，可以先将其封装为动画组件，示例如下：

```
class AnimationLogo extends AnimatedWidget {
  AnimationLogo({Key key, Animation<double> animation})
      : super(key: key, listenable: animation);
  @override
  Widget build(BuildContext context) {
    // TODO: implement build
    final Animation<double> animation = listenable;
    return Positioned(
      child: FlutterLogo(size: 30),
      top: animation.value,
      left: 100,
    );
  }
}
```

上面的代码定义了一个名为 AnimationLogo 的类，这个类继承自 AnimatedWidget，AnimatedWidget 类的构造方法需要传入一个 Listenable 对象，顾名思义，这个对象需要能够被监听，即实现 addListener 方法。我们之前使用的 Animation 对象中就实现了这个方法，后面在使用这个动画组件的时候，只需要将动画对象传递进来，使用 AnimationController 触发动画即可，代码如下：

```
class _MyHomePageState extends State<MyHomePage> with
SingleTickerProviderStateMixin {
    Animation<double> animation;
    AnimationController controller;
    @override
    initState(){
      super.initState();
      controller = AnimationController(lowerBound: 0,upperBound:
1,duration:Duration(milliseconds:3000),vsync: this);
      animation = CurvedAnimation(parent: controller, curve:
Curves.fastOutSlowIn);
```

```
        animation = Tween<double>(begin: 0,end: 300).animate(CurveTween(curve:
Curves.linear).animate(controller));
        controller.forward();
    }
    @override
    Widget build(BuildContext context) {
      return Scaffold(
        appBar: AppBar(
          title: Text(widget.title),
        ),
        body: new Builder(builder: (BuildContext context){
          return Container(child: Stack(
            children: <Widget>[
              AnimationLogo(animation: animation,)
            ],
          ),
          );
        })
      );
    }
}
```

上面并没有对 Animation 值的变化添加监听,也没有显式地调用 setState 方法进行界面的刷新,运行代码,可以看到动画效果依然正常地执行了。

使用动画组件的好处并非只是减少监听代码,在编写代码的时候,将动画组件单独封装出来也可以使页面的结构更加简单,动画的逻辑更加清晰。

6.1.7 同时执行多个动画

多个动画并行执行只需要创建多个 Animation 对象即可,将每个 Animation 对象的值绑定到各个要进行动画的属性即可。但是,如果我们使用了动画组件,在构造方法中就只能传递一个 Animation 对象。其实这个问题很好处理,在创建动画组件时,可以只将动画核心控制对象(父动画对象)传入,在动画组件内部生成补间子动画,例如:

```
    class AnimationLogo extends AnimatedWidget {
      AnimationLogo({Key key, Animation<double> animation})
          : super(key: key, listenable: animation);
      @override
      Widget build(BuildContext context) {
        // TODO: implement build
        final Animation<double> animation = listenable;
        var topAni = Tween<double>(begin: 0,end: 300).animate(animation);
        var colorAni =
ColorTween(begin:Colors.red,end:Colors.blue).animate(animation);
        return Container(
          child: Stack(
            children: <Widget>[
              Positioned(
```

```
          child: FlutterLogo(size: 30),
          top: topAni.value,
          left: 100,
        ),
      ],
    ),
    color: colorAni.value,
  );
}
```

修改_MyHomePageState 类如下：

```
class _MyHomePageState extends State<MyHomePage> with SingleTickerProviderStateMixin {
  Animation<double> animation;
  AnimationController controller;
  double value = 0;
 trailingExtent: 100,spring: SpringDescription(mass: 1,stiffness: 2,damping: 1));
  var sp = GravitySimulation(100,10,100,-100);
  @override
  initState(){
    super.initState();
    controller = AnimationController(lowerBound: 0,upperBound: 1,duration:Duration(milliseconds:3000),vsync: this);
    animation = CurvedAnimation(parent: controller, curve: Curves.fastOutSlowIn);
    controller.forward();
  }
  @override
  Widget build(BuildContext context) {
    return Scaffold(
      appBar: AppBar(
        title: Text(widget.title),
      ),
      body: new Builder(builder: (BuildContext context){
        return AnimationLogo(animation: animation,);
      })
    );
  }
}
```

运行代码，可以看到，位置移动动画和颜色渐变动画同时执行。

6.1.8 更多补间动画

前面所做的演示中，使用了 double 类型的补间动画和 Color 类型的补间动画，Flutter 中提供了一整套补间动画相关的类，在实际开发中，可以根据需要来选择使用。下面的示例代码列举了常用的补间动画类：

```
    //父动画实例
    final Animation<double> animation = listenable;
    //浮点类型的补间
    var topAni = Tween<double>(begin: 0,end: 300).animate(animation);
    //颜色补间
    var colorAni =
ColorTween(begin:Colors.red,end:Colors.blue).animate(animation);
    //对齐方式补间
    var alignAni =
AlignmentTween(begin:Alignment.topLeft,end:Alignment.centerRight).animate(anim
ation);
    //边框补间
    var boardAni = DecorationTween(begin:BoxDecoration(borderRadius:
BorderRadius.all(Radius.circular(100)),color: Colors.green), end:
BoxDecoration(borderRadius: BorderRadius.all(Radius.circular(10)),color:
Colors.green)).animate(animation);
    //圆角补间
    var boarderAni = BorderRadiusTween(begin:
BorderRadius.all(Radius.circular(100)),end:
BorderRadius.all(Radius.circular(10))).animate(animation);
    //尺寸补间
    var sizeAni = SizeTween(begin: Size(100, 100),end: Size(200,
200)).animate(animation);
    //文本风格补间
    var textAni = TextStyleTween(begin: TextStyle(),end:
TextStyle()).animate(animation);
    //矩形补间
    var rectAni = RectTween(begin: Rect.fromLTRB(10,10,10,10),end:
Rect.fromLTRB(100, 100, 100, 100)).animate(animation);
```

读者可以自行编写测试代码，对上述各种补间动画类进行测试。

6.2 物理动画的应用

使用前面学习的补间动画，我们已经可以完成大部分应用的动画需求。但是补间动画有一个非常大的缺陷，那就是在动画执行前，开发者必须指定动画的起始值和结束值，之后才可以通过 Flutter 中提供的相关类进行补间。在实际开发中，还有一个动画是很难确定结束值的，这类动画可以使用物理动画的方式来开发。

6.2.1 摩擦减速动画示例

物理动画实际上就是模拟现实中物体运动的过程。比如物体的滑动，我们可以通过设置物体的初速度、摩擦力以及初始位置，通过 Flutter 提供的物理引擎实时计算出物体的位置。

ClampingScrollSimulation 类是 Flutter 提供的一个滚动物理模拟引擎，其是 Simulation 抽象类的实现，Simulation 抽象类定义了模拟引擎的一些必备属性和方法，属性如表 6-8 所示，方法如表 6-9 所示。

表 6-8　Simulation 抽象类定义的模拟引擎的必备属性

属性名	意义	值
tolerance	设置当模拟值到达何种精度后计算模拟运动完成	Tolerance 对象，这个对象通过距离、时间和速度来构造

表 6-9　Simulation 抽象类定义的模拟引擎的必备方法

方法名	意义	参数
x	获取某个时刻对应的位置	time：时刻，double 类型
dx	获取某个时刻对应的速度	time：时刻，double 类型
isDene	获取某个时刻运动是否完成	time：时刻，double 类型

ClampingScrollSimulation 在构造时需要设置物体的初始位置、运动速度以及摩擦系数，在测试类中新定义两个变量，代码如下：

```
double value = 0;
var sp = ClampingScrollSimulation(position:5,velocity: 1000, friction: 0.008);
```

上面两个变量中，value 用来实时地更新位置值，sp 为滑动模拟引擎，其中设置初始位置为 5，初速度为 1000，摩擦系数为 0.008。

定义好了引擎，我们只需要不停地通过时间来更新位置，之后将位置的更新映射到界面的动画上即可。首先，用时间来更新位置，我们需要创建一个定时器，之前在使用 AnimationController 时，让当前类混合了 SingleTickerProviderStateMixin，这个 Mixin 的作用就是创建当前页面的帧率计时器，SingleTickerProviderStateMixin 只允许创建一个计时器，我们可以将之前创建 AnimationController 的相关代码注释掉，或者将 Mixin 类修改为 TickerProviderStateMixin。

在 initState 方法中可以进行定时器的启动，并刷新 value 值来更新界面，代码如下：

```
@override
initState(){
  super.initState();
  var tic = this.createTicker((duration){
    if (sp.isDone(duration.inMilliseconds/1000)) {
    } else {
      setState((){
        value = sp.x(duration.inMilliseconds/1000);
      });
    }
  });
  tic.start();
}
```

createTicker 方法会返回一个 Ticker 实例对象，调用 start 方法来启动定时器。为了便于在界面上观察到动画效果，可以将组件布局位置使用 value 值来确定，代码如下：

```
  @override
  Widget build(BuildContext context) {
    return Scaffold(
      appBar: AppBar(
        title: Text(widget.title),
      ),
      body: new Builder(builder: (BuildContext context){
        return Container(child: Stack(
          children: <Widget>[
            Positioned(
              child: FlutterLogo(size: 30),
              top: 30,
              left: this.value ,
            ),
            Positioned(
              child: RaisedButton(child: Text("动画"),onPressed: (){
                controller.reset();
                controller.forward();
              },),
              top: 100,
              left: 30 ,
            ),
          ],
        ),
        );
      })
    );
  }
```

运行代码，可以观察到组件模拟物体摩擦减速动画的效果。

6.2.2 弹簧减速动画示例

在摩擦力减速动画中，物体所受的摩擦力始终与物体的运动方向相反，因此不会出现震荡运动的情况。现实中还有一种减速方式是弹簧减速，可以想象，一个滚动的物体后面连接上一个弹簧，弹簧会对物体产生拉力，当物体运动到极限时便会反方向继续运动，当越过弹簧的平衡点时又会受到弹簧的推力，反复震荡直到物体停止运动。

Flutter 中提供了 BouncingScrollSimulation 类用来模拟弹簧减速这种物理场景，其构造方法示例如下：

```
var sp = BouncingScrollSimulation(position:5,velocity: 100, leadingExtent: 100,
trailingExtent: 100,spring: SpringDescription(mass: 1,stiffness: 2,damping: 1));
```

其中，参数的意义如表 6-10 所示。

表6-10　BouncingScrollSimulation 中参数的意义

参数名	意义	值
position	设置物体的初始位置	double 值
velocity	设置物体的初始速度	double 值
leadingExtent	当位置小于此值时，开始使用弹簧推力	double 值
trailingExtent	当位置大于此值时，开始使用弹簧拉力	double 值
spring	弹性配置	SpringDescription 对象

SpringDescription 用来对弹簧的弹性属性进行配置，构造方法中参数的意义如表 6-11 所示。

表6-11　SpringDescription 中参数的意义

参数名	意义	值
mass	设置弹簧的质量	double 值
stiffness	设置弹簧的刚度	double 值
damping	设置阻尼系数	double 值

6.2.3　重力动画示例

除了上面讲到的两种动画外，重力动画也是常用的一种动画方式，例如游戏中的飞机坠落、篮球有框等动画都需要考虑到重力因素。Flutter 中提供了一个重力物理引擎供开发者直接使用，示例如下：

```
var sp = GravitySimulation(100,10,100,-100);
```

上面的构造方法中，参数从左往右依次是初始加速度、初始距离、结束距离以及初速度。这里的距离是指物理运动的距离，我们可以简单修改布局代码，使重力动画的效果更加直观，代码如下：

```
Widget build(BuildContext context) {
  return Scaffold(
    appBar: AppBar(
      title: Text(widget.title),
    ),
    body: new Builder(builder: (BuildContext context){
      return Container(child: Stack(
        children: <Widget>[
          Positioned(
            child: FlutterLogo(size: 30),
            top: value + 100,
            left: 100,
          ),
        ],
      ),
      );
```

```
        })
    );
}
```

6.3 列表动画

列表是应用程序开发中非常重要的一种容器组件。大部分结构复杂的页面都可以使用列表组件来实现。使用列表难免需要对列表进行插入和删除操作。在 Flutter 中,列表的插入和删除过程可以通过动画的方式来展现。

6.3.1 关于 AnimatedList 类

AnimatedList 类是一个特殊的列表类,当对列表元素进行插入或删除时,使用 AnimatedList 可以将过程以动画的方式展现。

AnimatedList 类的使用和我们前面学习过的列表组件类型,其中有几个比较核心的属性列举如表 6-12 所示。

表 6-12 AnimatedList 类中的核心属性

属性名	意义	值
initialItemCount	初始化列表元素个数	int 值
itemBuilder	用来构建列表中每个元素的 UI	AnimatedListItemBuilder 函数 其中参数如下: buildContext:构建上下文对象 index:列表元素位置 Animation<double>:动画对象
padding	元素内边距	EdgeInsetsGeometry 对象
reverse	设置列表是否逆向渲染	bool 值
scrollDirection	设置列表滚动方向	Axis 枚举 horizontal:水平滚动 vertical:竖直滚动

6.3.2 进行列表操作动画

若要使 AnimatedList 的插入和删除元素操作有动画效果,则列表元素必须为动画组件。关于动画组件,前面已经详细介绍过了。首先,定义一个动画组件类如下:

```
class AnimationItem extends AnimatedWidget {
    AnimationItem({Key key, Animation<double> animation})
        : super(key: key, listenable: animation);
    @override
    Widget build(BuildContext context) {
```

```
      final Animation<double> animation = listenable;
      var heightAni = Tween<double>(begin: 0,end: 30).animate(animation);
    return Container(
      height: heightAni.value,
      child: Text("HAHAHAHA"),
      margin: EdgeInsets.fromLTRB(0, 0, 0, 0)
    );
    }
  }
```

上面的代码定义了一个动画组件，其采用插值动画的方式，动画效果是高度从 0 渐变到 30。实现测试工程中的_MyHomePageState 类如下：

```
class _MyHomePageState extends State<MyHomePage> {
  //用来进行列表元素插入与删除操作
  static GlobalKey<AnimatedListState> _listKey =
GlobalKey<AnimatedListState>();
  var list = AnimatedList(
    itemBuilder: (BuildContext contenxt,int index, Animation<double>
animation){
      return AnimationItem(animation: animation,);
    },
    initialItemCount: 3,
    key: _listKey,
  );
  //插入元素
  _insert(){
    _listKey.currentState.insertItem(0,duration: Duration(milliseconds:
300));
  }
  //删除元素
  _remove(){
    _listKey.currentState.removeItem(0, (BuildContext contenxt,
Animation<double> animation){
      return AnimationItem(animation: animation,);
    },duration: Duration(milliseconds: 300));
  }
  @override
  Widget build(BuildContext context) {
    return Scaffold(
      appBar: AppBar(
        title: Text(widget.title),
        actions: <Widget>[
          IconButton(
            icon: const Icon(Icons.remove_circle),
            onPressed: _remove,
            tooltip: '删除',
          ),
          IconButton(
            icon: const Icon(Icons.add_circle),
            onPressed: _insert,
```

```
            tooltip: '插入',
          ),
        ],
      ),
      body: new Builder(builder: (BuildContext context){
        return Container(
          child: list,
        );
      })
    );
  }
}
```

上面的示例中，diamante 在导航栏上创建了两个图标按钮，分别用来向列表中插入元素和删除元素，在具体操作时，我们只需将 GlobalKey 实例对象绑定到 AnimatedList 组件对象上，之后使用 GlobalKey 对象的 insertItem 和 removeItem 方法即可实现列表元素的增删。在这两个方法中，可以设置动画的执行时长。

运行代码，通过单击添加和删除按钮可以看到列表元素的动画效果。

6.4 使用帧动画

动画的本质是组件状态的不停变化，有时，对于复杂的场景动画，可以通过使用多张静态图片快速播放的方式来实现。我们通常也把这种方式的动画称为帧动画。

6.4.1 一个简单的帧动画示例

帧动画并不是一种特殊的动画，其使用的技术实质上还是我们前面所学习的补间动画。首先，准备 6 张连续的静态图片，并分别命名为 1.png、2.png、3.png、4.png、5.png 和 6.png，如图 6-1~图 6-6 所示。

图 6-1　图片素材 1　　　　　图 6-2　图片素材 2　　　　　图 6-3　图片素材 3

图 6-4　图片素材 4　　　　图 6-5　图片素材 5　　　　图 6-6　图片素材 6

在测试工程的根目录下新建一个名为 image 的文件夹，将这 6 张素材图片放入文件夹中，在工程的 pubspec.yaml 文件中添加图片素材路径，代码如下：

```
assets:
  - image/1.png
  - image/2.png
  - image/3.png
  - image/4.png
  - image/5.png
  - image/6.png
```

在测试工程的 _MyHomePageState 类中编写如下代码：

```
class _MyHomePageState extends State<MyHomePage> with SingleTickerProviderStateMixin {
    //声明动画相关对象
    Animation<double> animation;
    AnimationController controller;
    //声明素材列表
    List<String> images;
    @override
    void initState() {
      super.initState();
      //初始化素材
      images = ["image/1.tiff","image/2.png","iamge/3.png","image/4.png","image/5.png","image/6.png"];
      //初始化动画
      controller = AnimationController(vsync: this,duration: Duration(milliseconds: 700));
      animation = Tween<double>(begin: 0,end: images.length.toDouble()).animate(controller);
      controller.forward();
      animation.addStatusListener((state){
        if(state == AnimationStatus.completed){
          //循环执行动画
          controller.forward(from: 0);
        }
      });
      //刷新界面
```

```
    animation.addListener((){
      setState(() {
      });
    });
}
@override
Widget build(BuildContext context) {
  return Scaffold(
    appBar: AppBar(
      title: Text(widget.title),
    ),
    body: new Builder(builder: (BuildContext context){
      return Container(
        child: Image.asset(images[animation.value.toInt()]),
      );
    })
  );
}
```

上面的代码中，通过补间动画的原理不停地切换 Image 组件所加载的图片，通过这种方式将静态的图片快速地循环播放，产生帧动画效果。

6.4.2　GIF 图——另一种帧动画

其实，要通过使用连续的静态图片来播放动画，根本无须使用补间动画这种复杂的动画方式，直接使用 Image 组件加载 GIF 图片即可。GIF 本就是一种动态的图片，其中不仅封装了一组静态图片，而且定义了每一帧的播放时间和动画的总时长，直接加载 GIF 动画可以更加逼真地还原源文件的动画效果。

在工程的 image 文件夹中放入一个名为 ani.gif 的文件，在 pubspec.yaml 文件中添加路径如下：

```
assets:
  - image/ani.gif
```

直接使用 Image 组件进行加载即可，代码如下：

```
@override
Widget build(BuildContext context) {
  return Scaffold(
    appBar: AppBar(
      title: Text(widget.title),
    ),
    body: new Builder(builder: (BuildContext context){
      return Container(
        child: Image.asset("image/ani.gif"),
      );
    })
  );
}
```

运行代码，在界面上可以看到流畅的 GIF 动画效果。

6.5 共享元素的动画

共享元素是一种比较高级的动画方式。回忆一下，我们在使用一些知名的应用程序时，经常可以看到在页面转场时，某些元素从一个页面动画过渡到另一个页面的效果。通过共享元素可以方便地实现这类动画。

6.5.1 共享元素动画示例

Hero 类的作用是将组件包装成共享元素，其使用非常简单，只需要在源界面将要共享的组件包装进 Hero 对象内，并为其设置一个唯一的标记值，在目标界面同样使用 Hero 对组件进行包装，并设置相同的标记值即可。

下面的代码完整演示了基础的共享动画的应用：

```
import 'package:flutter/material.dart';
import 'package:flutter/foundation.dart';
// 应用程序入口
void main() => runApp(MyApp());
class MyApp extends StatelessWidget {
  // This widget is the root of your application.
  @override
  Widget build(BuildContext context) {
    return MaterialApp(
      title: 'Flutter Demo',
      theme: ThemeData(
        primarySwatch: Colors.blue,
      ),
      home: MyHomePage(title: 'Flutter Demo Home Page'),
    );
  }
}
// 程序主页
class MyHomePage extends StatefulWidget {
  MyHomePage({Key key, this.title}) : super(key: key);
  final String title;
  @override
  _MyHomePageState createState() => _MyHomePageState();
}
// 新页面
class OtherPage extends StatefulWidget {
  OtherPage({Key key, this.title}) : super(key: key);
  final String title;
  @override
```

```dart
    _OtherPageState createState() => _OtherPageState();
}
class _MyHomePageState extends State<MyHomePage> {
  @override
  Widget build(BuildContext context) {
    return Scaffold(
      appBar: AppBar(
        title: Text(widget.title),
      ),
      body: new Builder(builder: (BuildContext context){
        return Column(
          children:[
            // 定义Hero组件
            Hero(
              child:Image.asset("image/img.png",width: 100,height: 50,),
              tag: 'HeroTag',
            ),
            // 单击按钮进行页面跳转
            RaisedButton(
              child: Text("跳转"),
              onPressed: (){
                Navigator.of(context).push(MaterialPageRoute(builder: (_) {
                  return OtherPage(title: "新页面",);
                }));
              },
            )
          ]
        );
      })
    );
  }
}
class _OtherPageState extends State<OtherPage> {
  @override
  Widget build(BuildContext context) {
    return  Scaffold(
        appBar: AppBar(
          title: Text(widget.title),
        ),
        body: new Builder(builder: (BuildContext context){
          return Center(
            // 注意共享元素组件的tag值要保持一致
            child: Hero(
              child:Image.asset("image/img.png",width: 200,height: 150,),
              tag: 'HeroTag',
            ),
          );
        })
    );
  }
```

}

运行上面的代码，当页面进行跳转时，可以看到图片组件从第一个界面飞入第二个界面的指定位置，并且在飞入过程中，尺寸的改变也会以动画方式展现。

6.5.2 关于 Hero 对象

在调用 Hero 类的构造方法时，除了 tag 参数和 child 参数为必传参数外，还有一些十分重要的可选参数，如表 6-13 所示。

表 6-13 Hero 类中重要的可选参数

参数名	意义	值
tag	设置共享元素组件的标记值	String 值
createRectTween	设置位置尺寸插值动画	函数，需要返回 Tween<Rect>类型
flightShuttleBuilder	设置动画过程中的组件	函数，需要返回组件对象，函数中的参数如下： flightContext：运动过程中的上下文 animation：动画对象 flightDirection：动画方向 fromHeroContext：源组件上下文 toHeroContext：目标组件上下文
placeholderBuilder	设置站位组件，在共享元素组件飞行的过程中，目标页面对应位置会先渲染站位组件	函数，返回组件对象
transitionOnUserGestures	设置当使用手势进行页面转场时，是否显示动画	bool 值

需要注意，transitionOnUserGestures 只针对 iOS 设置原生的右滑返回手势，若这个属性设置为 true，则在用户进行手势返回时会产生交互式的动画效果。

6.6 Lottie 动画

Lottie 是 Aribnb 开源的一个面向 iOS、Android 和 ReactNative 的高性能动画库。其通过将动画定义成 JSON 文件，让移动端可以方便且高保真地还原设计师设计的动画效果。

Flutter 原生并不支持 Lottie，但是可以通过第三方的插件实现 Lottie 效果。

6.6.1 引入 lottie_flutter 插件

首先选择一个 Lottie 动画素材放入工程的 assets 文件夹中，LottieFiles 网站是一个专门供设计师进行交流和分享的平台，可以在其中找到各种开源的 Lottie 动画文件，网址如下：

https://lottiefiles.com/

选择一个自己感兴趣的动画下载下来，并将其放入工程 assets 文件夹中，在 pubspec.yaml 文件中对资源进行引用，命令如下：

```
assets:
  - assets/iconImg.png
  - assets/lottie.json
```

同时，在 pubspec.yaml 文件中添加 lottie_flutter 组件的依赖，命令如下：

```
dependencies:
  flutter:
    sdk: flutter
  lottie_flutter: ^0.2.0
```

打开终端，在当前工程根目录下执行如下指令进行插件的获取：

```
flutter packages get
```

之后，可以尝试在 Dart 文件中导入如下模块，如果没有报错，就说明安装完成：

```
import 'package:lottie_flutter/lottie_flutter.dart';
```

6.6.2 使用 Lottie 动画

Lottie 动画也是由 AnimationController 类进行驱动的，示例代码如下：

```
import 'package:flutter/material.dart';
import 'package:lottie_flutter/lottie_flutter.dart';
import 'package:flutter/services.dart';
import 'dart:convert';
class LottieView extends StatefulWidget {
  @override
  State<StatefulWidget> createState() {
    // TODO: implement createState
    return _LottieViewState();
  }
}
class _LottieViewState extends State<LottieView> with SingleTickerProviderStateMixin {
  // Lottie 动画组件
  LottieComposition _composition;
  // 动画控制器
  AnimationController _controller;
  @override
  void initState() {
    super.initState();
    // 加载动画资源
    loadAsset("assets/lottie.json").then((LottieComposition composition) {
      setState(() {
        _composition = composition;
      });
```

```dart
      });
      // 初始化控制器
      _controller = new AnimationController(
        duration: Duration(milliseconds: 1),
        vsync: this,
      );
      _controller.addListener((){
        setState(() {
        });
      });
  }
  // 加载资源
  Future<LottieComposition> loadAsset(String assetName) async {
    return await rootBundle
        .loadString(assetName)
        .then<Map<String, dynamic>>((String data) => json.decode(data))
        .then((Map<String, dynamic> map) => new LottieComposition.fromMap(map));
  }
  @override
  Widget build(BuildContext context) {
    return Scaffold(
        appBar: AppBar(
          title: Text("Lottie动画"),
        ),
        body: new Builder(builder: (BuildContext context){
          return Container(
            child: Center(
              child: Column(
                children: <Widget>[
                Lottie(
                  composition: _composition,
                  size: const Size(300, 300),
                  controller: _controller,
                ),
                  RaisedButton(child: Text("执行动画"),
                  onPressed: (){
                    _controller.repeat();
                  },)
                ],
                mainAxisAlignment: MainAxisAlignment.center,
              ),
            ),
            color: Colors.red,
          );
        })
    );
  }
}
```

上面的代码有着详细的注释，这里就不赘述了，使用 Lottie 可以极大地提高开发者开发动画的效率。

6.7　Flare 动画

Flare 是 2Dimensions 推出的一款专门用来为 Flutter 设计动画的工具。其与 Lottie 相似，设计师可以直接导出 Flare 动画文件供开发者使用。

6.7.1　引入 Flare 插件

首先在 pubspec.yaml 文件中添加如下依赖：

```
flare_flutter: ^1.5.4
```

之后不要忘记执行 flutter packages get 指令来获取插件。

在 2Dimensions 的官网可以下载到许多优秀设计师分享的 Flare 动画文件，网址如下：

```
https://www.2dimensions.com/
```

挑选一款自己喜欢的动画效果进行学习，选定后，单击网页上的 OPEN IN FALRE 按钮将动画文件在 Flare 工具中打开，Flare 工具的动画设计页面如图 6-7 所示。作为开发者，我们不需要深入学习这个工具的使用，只需要知道如何看懂这张图即可。

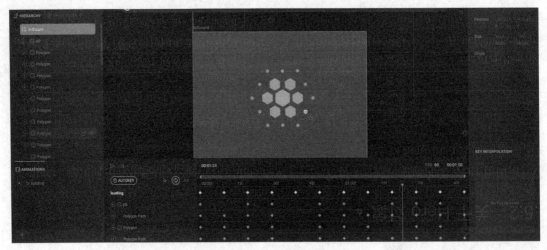

图 6-7　Flare 工具的动画设计页面

如图 6-7 所示，我们需要关心左下角的 ANIMATIONS 模块，这个模块列出了当前动画文件中所包含的所有动画效果，一个动画文件可以包含多种动画效果，比如一个菜单动画可以包含菜单开启与关闭两种效果。图 6-7 以 Loading 动画为例，其中定义了一个动画效果，名为 loading。单击右上角的导出按钮，将此动画文件导出，需要注意，导出时要选择导出 Flare 文件，即后缀名为 flr

的文件，之后将此文件拖入工程的 assets 文件夹中，并在 pubspec.yaml 文件中进行资源的引用，如下：

```
assets:
  - assets/loading.flr
```

之后就可以方便地在页面中展示 Flare 动画了。

6.7.2 使用 Flare 动画

FlareActor 类是 Flare 动画渲染中的核心类，一个 FlareActor 即代表一个动画效果。编写示例代码如下：

```
import 'package:flutter/material.dart';
import 'package:flare_flutter/flare_actor.dart';
class FlareView extends StatefulWidget {
  @override
  State<StatefulWidget> createState() {
    // TODO: implement createState
    return _FlareViewState();
  }
}
class _FlareViewState extends State<FlareView> {
  @override
  Widget build(BuildContext context) {
    return Scaffold(
      appBar: AppBar(
        title: Text("Flare动画"),
      ),
      body: new Builder(builder: (BuildContext context){
        return Container(
          child: Center(
            child: FlareActor("assets/loading.flr",
 alignment:Alignment.center, fit:BoxFit.contain, animation:"loading"),
          ),
          color: Colors.red,
        );
      })
    );
  }
}
```

此时，运行代码，即可看到炫酷的 Flare 动画效果，可以通过设置 FlareActor 对象的 fit 和 alignment 属性对动画的布局位置进行调整。

6.8 手势交互

应用程序必须拥有强大的和用户进行交互的能力。没有交互能力的应用程序和一张图片、一段音视频没有什么本质区别。在移动设备上，应用程序与用户的交互大多通过手势来完成。Flutter 中提供了完善的交互系统供开发者使用。

大体上讲，Flutter 中的手势系统分为两个层次。

第一层被称为触摸层，这一层比较低级，开发者可以监听到用户手指在页面上的按下、移动、抬起和取消操作，并可以实时地获取用户手指在页面上的位置。

第二层为手势层，这一层是触摸层面向应用的封装，也更加高级，开发者可以使用它直接对用户的操作手势进行监听，例如滑动、拖曳、单击、长按等。

6.8.1 触摸事件

Listener 是一个处理事件交互的组件。当我们需要监听用户手指在某个组件上的触摸行为时，只需要将其嵌套进 Listener 组件并为其设置监听回调函数即可。示例代码如下：

```dart
class _MyHomePageState extends State<MyHomePage> {
  @override
  Widget build(BuildContext context) {
    return Scaffold(
      appBar: AppBar(
        title: Text(widget.title),
      ),
      body: new Builder(builder: (BuildContext context){
        return Listener(
          child: Container(
            width: 320,
            height: 368,
            color: Colors.blue,
            padding: EdgeInsets.fromLTRB(0, 200, 0, 0),
          ),
          onPointerDown: (PointerDownEvent event){
            print("手指按下: ");
            print(event);
          },
          onPointerUp: (PointerUpEvent event){
            print("手指抬起: ");
            print(event);
          },
          onPointerEnter: (PointerEnterEvent event){
            print("鼠标移入移入组件，移动设备上不触发: ");
            print(event);
          },
```

```
        onPointerExit: (PointerExitEvent event){
          print("鼠标移出组件,移动设备上不触发: ");
          print(event);
        },
        onPointerHover: (PointerHoverEvent event){
          print("鼠标手指触发组件,移动设备上不触发: ");
          print(event);
        },
        onPointerCancel: (PointerCancelEvent event){
          print("触摸取消: ");
          print(event);
        },
        onPointerMove: (PointerMoveEvent event){
          print("手指移动: ");
          print(event);
        },
      );
    })
  );
}
}
```

上面的示例代码中实现了 Listener 对象中可配置的所有触摸事件回调,除了几个鼠标事件在移动设备上无法触发外,其他事件都会触发。通过这些回调函数,我们可以分析出用户手指在组件上的具体操作行为,上面所有的回调函数中都会传入一个事件对象,虽然不同的触摸事件对应的事件对象类型不同,但它们都是对 PointEvent 抽象类的实现。PointEvet 中定义的属性列举如表 6-14 所示。

表 6-14 PointEvet 中定义的属性

属性名	意义	值
timeStamp	时间戳,记录事件触发的时间	Duration 对象
pointer	触摸事件的唯一标记,本次触摸未结束前,这个值不变,每次开启新的触摸事件都是不同的值	int 对象
kind	触摸事件的类型	PointerDeviceKind 枚举 touch:触摸事件 mouse:鼠标事件 stylus:笔触事件 invertedStylus:倒置笔触事件 unknown:未知
position	触摸事件的位置	Offset 对象
delta	移动事件中,当前位置相对上次触发事件位置的相差值	Offset 对象
buttons	鼠标事件中,标记哪一个键被单击	int 对象
down	手指当前是否按下	bool 值
pressure	触摸的压力值	double 值,0~1
size	被触摸的尺寸	double 值

6.8.2 手势事件

使用监听触摸事件的方式来处理用户交互虽然十分灵活，但并不十分方便，首先触摸事件的回调只是简单地通知开发者触摸点的状态信息和触摸事件的类型，并不是逻辑上的用户行为，在开发应用程序时，我们往往更关心的是用户的行为类型，例如是点按行为还是长按行为，是拖曳还是滑动行为，对于拖曳和滑动，我们可能还需要知道用户拖曳和滑动的方法。Flutter 中提供了手势组件，使用它可以直接解析出用户的手势行为，我们处理用户交互就更加轻松容易了。

用户的手势行为分为如下几大类：

1. 单击手势
    a. 单击按下
    b. 单击抬起
    c. 单击
    d. 单击取消
2. 双击手势
    a. 双击
3. 长按手势
    a. 长按
4. 竖直拖曳手势
    a. 拖曳开始
    b. 拖曳状态更新
    c. 拖曳结束
5. 水平拖曳手势
    a. 拖曳开始
    b. 拖曳状态更新
    c. 拖曳结束
6. 滑动手势
    a. 滑动开始
    b. 滑动状态更新
    c. 滑动结束

对于某些组件，其本身就提供了响应的接口让开发者绑定其手势事件，例如按钮组件可以直接绑定按钮单击的触发事件，示例如下：

```
Container(
    width: 320,
    height: 368,
    color: Colors.blue,
    padding: EdgeInsets.fromLTRB(0, 200, 0, 0),
    child: RaisedButton(onPressed: (){
      print("pressed");
    },
    child: Text("按钮"),),)
```

自身没有提供绑定手势事件接口的组件或者对于复杂的自定义组件，也可以借助 GestureDetector 对象来绑定手势事件，示例如下：

```
class _MyHomePageState extends State<MyHomePage> {
```

```
  @override
  Widget build(BuildContext context) {
   return Scaffold(
    appBar: AppBar(
      title: Text(widget.title),
    ),
    body: new Builder(builder: (BuildContext context){
       return GestureDetector(
         child:Container(
           width: 320,
           height: 368,
           color: Colors.blue,
           padding: EdgeInsets.fromLTRB(0, 200, 0, 0),
         ),
         onDoubleTap: (){
           print("双击");
         },
         onLongPress: (){
           print("长按");
         },
         onHorizontalDragUpdate: (DragUpdateDetails detail){
           print("水平拖曳更新");
           print(detail);
         },
       );
    })
   );
  }
}
```

上面的示例代码并没有演示所有的可监听手势事件，在实际开发中，可以根据需要选择要监听的手势。对于拖曳事件，DargUpdateDetails 对象中会封装手势的相关信息，其中的属性如表 6-15 所示。

表 6-15 DargUpdateDetails 中的属性

属性名	意义	值
sourceTimeStamp	手势时间戳	Duration 对象
delta	这次更新与上次更新的相对位置	Offset 对象
globalPosition	当前位置	Offset 对象

6.8.3 下拉刷新与上拉加载

下拉刷新与上拉加载是列表视图中常用的两种交互方式，几乎每种资讯类的应用都有这两种交互。资讯类应用的信息及时性非常重要，下拉刷新操作可以提供给用户一种获取实时信息的方式，同样，资讯类应用往往有非常庞大的数据量，客户端一次性全部拉取完成是非常不现实的，往往会采用分页加载的拉取方式，即用户看完所有的信息后再拉取更多的信息。

在 Flutter 中，下拉刷新的交互可以采用 RefreshIndicator 组件实现，上拉加载更多的交互可以通过 ScrollController 对滚动视图的监听来实现，示例代码如下：

```dart
import 'package:flutter/material.dart';
class RefreshViewView extends StatelessWidget {
  ScrollController _scrollController = ScrollController();
  @override
  Widget build(BuildContext context) {
    _scrollController.addListener(
        (){
      if (_scrollController.position.pixels ==
          _scrollController.position.maxScrollExtent) {
        print('loadMore');
      }
    });
    return Scaffold(
      appBar: AppBar(
        title: Text("列表交互"),
      ),
      body: RefreshIndicator(
        child: ListView.builder(itemCount: 10,itemBuilder: (BuildContext context, int index){
          return Container(
            color: Colors.red,
            child: Container(
              child: Text("数据${index}"),
              height: 80,
            ),
            margin: EdgeInsets.only(bottom: 10),
          );
        },controller: _scrollController,),
        onRefresh: (){
          print("refresh");
          return Future.delayed(Duration(seconds: 3));
        },
      )
    );
  }
}
```

第 7 章

网络技术与数据解析

一个完整的应用程序除了有完善的界面与交互逻辑外,更重要的是有丰富的内容数据。例如,如果你的应用程序中有会员系统,就需要提供用户的登录注册功能,并将用户信息进行储存。如果是以内容为主的应用程序,数据就更加重要,例如阅读类应用要有丰富的内容文章数据,社交类应用要有丰富的用户动态数据,等等。

网络是数据传输的重要方式,网络技术在 Flutter 开发中也非常重要。应用程序需要通过网络来获取或更新数据。在开发 Flutter 应用时,可以使用 HTTP 相关的接口进行网络功能的调用,当获取到网络数据后,通常需要对数据进行解析,将获取到的数据映射成 Dart 对象进行使用。

本章将向你介绍在 Flutter 应用程序中使用网络技术进行数据的获取,并且介绍如何对网络数据进行解析以及应用程序内的数据传递方式。

通过本章,你将学习到:

- 从互联网获取数据
- 在 Flutter 应用中进行网络请求
- 网络请求结果的处理
- 数据的序列化方法
- 进行简单数据的持久化
- 读取文件中的数据
- 将数据写入文件
- Flutter 中的页面切换逻辑
- 在页面间进行数据传递

7.1　Flutter 中的网络技术

在 Flutter 中使用网络功能非常简单，有许多 Dart 的 HTTP 请求库可以直接使用。在开发 Flutter 应用时，我们可以直接对其进行使用。在应用程序中，页面的渲染往往需要依赖数据，因此，有关网络请求的操作通常会异步进行，当请求到数据后再进行页面的刷新。

7.1.1　使用互联网上的接口服务

在应用程序获取网络数据的过程中，应用程序充当的是客户端的角色，与之对应，提供数据的一方通常称为服务端。在客户端进行数据请求之前，需要有一个服务端来提供数据服务，为了便于学习测试，我们可以直接使用互联网上第三方提供的免费接口服务。

天行数据网提供了许多 API 接口服务，虽然其不是免费的，但是对于新注册的用户，会提供 10000 次的免费接口调用额度。天行数据网的网站网址如下：

https://www.tianapi.com/

要使用天行数据网提供的接口服务，首先需要注册天行网用户，在如下网址进行用户的注册：

https://www.tianapi.com/signup.html

注册需要填写用户昵称、邮箱、密码和验证码。需要注意，填写的用户邮箱务必真实有效，注册完成后需要通过邮件进行用户验证。

注册完成后，直接登录天行数据网即可，在个人中心的控制台中，可以查看账号的各种信息，如图 7-1 所示。

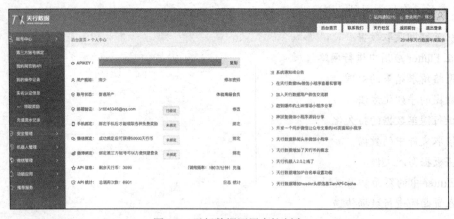

图 7-1　天行数据网用户控制台

如图 7-1 所示，里面列出了许多用户信息，其中 APIKEY 字段非常重要，它用来进行用户的鉴权，之后进行接口服务的调用也需要使用这个字段的值。

下面我们尝试挑选一个天行数据网提供的接口服务进行调用测试，例如选择"日常工具"中的"英语一句话"接口服务,在接口服务的详情页中可以看到接口的地址、参数、计费信息以及返回数据示例,如图 7-2 所示。

图 7-2 接口详情页面

在接口详情页面中,我们需要着重查看请求地址、参数和返回数据示例 3 部分,接口地址是客户端进行请求的服务端地址,参数表明了当前接口服务需要客户端传递的参数,返回数据示例演示了客户端获取的数据格式,我们可以根据这里的数据格式来设计数据解析的相关逻辑。

图 7-2 所示的详情页面还有一个"在线测试"按钮,天行数据网站提供了在线测试接口可用性的工具,单击后会进入测试网页,在网页中填入此接口服务需要的参数来验证接口是否可用,其中参数 key 需要填写个人控制台中所分配的 APIKEY。测试如果有正确的数据返回,就说明接口服务已经没有问题,后面就可以在 Flutter 工程中使用同样的方式对接口进行访问了。

7.1.2 使用 HTTPClient 进行网络请求

Dart 编程语言的内置工具包中提供了对 HTTP 网络请求相关支持的工具。这些工具都封装在 dart.io 模块中,其中 HttpClient 类用来提供 HTTP 客户端请求功能。HttpClient 的使用非常简单,以前面测试的"英语一句话"接口为例,对这个接口的访问请求示例代码如下:

```
getData() async {
  HttpClient client = HttpClient();
  var url = Uri.http("api.tianapi.com", "/txapi/ensentence/",{"key" : "ef7f04344615b7ff44a8b3aa78ba27f3"});
  var request = await client.getUrl(url);
  var response = await request.close();
  var content = await response.transform(utf8.decoder).join();
  print(content);
}
```

需要注意,在进行网络请求时,数据的传输往往需要一段时间,因此,我们需要使用 async/await 的异步编程技术。

HttpClient()方法是一个工厂构造方法,其会返回一个 HttpClient 客户端实例,Uri.http()方法用来构造一个 HTTP 协议的 URL,其中第 1 个参数为服务端的主机地址,第 2 个参数为请求的路径,第 3 个参数为参数列表,其是一个字典参数,使用键值对的方式来进行参数的配置。上面的示例代码中,我们设置了 key 参数为天行数据控制台分配的 APIKEY 的值。

构造完要进行请求的 URL 链接后,调用 HttpClient 实例对象的 getUrl 方法可以直接进行 get 请求,将链接 URL 作为参数传入这个方法即可。这个方法会返回一个包装为 Future 的 HttpClientRequest 对象,用来描述客户端请求。

请求完成后,调用 close 方法关闭链接,并且可以获取请求的回执数据 HttpClientResponse 对象,调用 transform 方法用来对请求回执进行解码并且获取字符串类型的返回数据。

运行代码,调用上面的 getData 方法,从控制台可以看到打印出的网络数据。上面的代码只简单演示了 GET 类型请求的使用,HttpClient 实例中还提供了更多的请求方法,后面会逐一介绍。

7.1.3 HttpClient 相关方法

HttpClient 可以理解为 HTTP 请求客户端,在构造出对象后,可以通过一些属性对其进行配置,列举如表 7-1 所示。

表 7-1 对 HttpClient 进行配置的属性

属性名	意义	值
idleTimeout	配置空闲超时时间,即请求非活跃状态保持多久后断开连接,模式为 15 秒	duration 对象
connectionTimeout	设置连接的超时时间	duration 对象
maxConnectionsPerHost	设置单个主机地址的最大连接数	int 对象
autoUncompress	设置响应体是否自动解压缩	bool 对象
userAgent	设置请求头中的 userAgent 字段	string 对象

表 7-2 列举了 HttpClient 对象中封装的常用请求方法。

表 7-2 HttpClient 对象中封装的常用请求方法

方法名	意义	参数
open	打开一个 HTTP 连接,会返回一个 HttpClientRequest 的 Future 对象	method:设置请求方法 host:设置请求的主机地址 port:设置请求的端口 path:设置请求的路径
openUrl	通过 URL 打开一个 HTTP 连接,会返回一个 HttpClientRequest 的 Future 对象	method:设置请求方法 url:设置请求的 URL
get	直接使用 GET 方法打开一个 HTTP 连接,会返回一个 HttpClientRequest 的 Future 对象	host:设置主机地址 port:设置端口 path:设置请求的路径
getUrl	通过 URL 使用 GET 方法打开一个 HTTP 连接,会返回一个 HttpClientRequest 的 Future 对象	url:请求的 URL

（续表）

方法名	意义	参数
post	直接使用 POST 方法打开一个 HTTP 连接，会返回一个 HttpClientRequest 的 Future 对象	host：设置主机地址 port：设置端口 path：设置请求的路径
postUrl	通过 URL 使用 POST 方法打开一个 HTTP 连接，会返回一个 HttpClientRequest 的 Feture 对象	url：请求的 URL
put	直接使用 PUT 方法打开一个 HTTP 连接，会返回一个 HttpClientRequest 的 Future 对象	host：设置主机地址 port：设置端口 path：设置请求的路径
putUrl	通过 URL 使用 PUT 方法打开一个 HTTP 连接，会返回一个 HttpClientRequest 的 Future 对象	url：请求的 URL
delete	直接使用 DELETE 方法打开一个 HTTP 连接，会返回一个 HttpClientRequest 的 Future 对象	host：设置主机地址 port：设置端口 path：设置请求的路径
deleteUrl	通过 URL 使用 DELETE 方法打开一个 HTTP 连接，会返回一个 HttpClientRequest 的 Future 对象	url：请求的 URL
patch	直接使用 PATCH 方法打开一个 HTTP 连接，会返回一个 HttpClientRequest 的 Future 对象	host：设置主机地址 port：设置端口 path：设置请求的路径
patchUrl	通过 URL 使用 PATCH 方法打开一个 HTTP 连接，会返回一个 HttpClientRequest 的 Future 对象	url：请求的 URL
head	直接使用 HEAD 方法打开一个 HTTP 连接，会返回一个 HttpClientRequest 的 Future 对象	host：设置主机地址 port：设置端口 path：设置请求的路径
headUrl	通过 URL 使用 HEAD 方法打开一个 HTTP 连接，会返回一个 HttpClientRequest 的 Future 对象	url：请求的 URL
authenticate	设置身份验证回调函数，当服务端需要客户端验证身份时会回调此函数	函数，需要返回一个包含 bool 数据的 Future 对象，参数如下： url：请求的 URL scheme：模式参数 realm：域
addCredentials	为请求添加客户端验证证书	url：请求的 URL realm：域 credentials：HttpClientCredentials 证书对象
findProxy	设置查询请求代理的回调	函数，返回需要设置的代理字符串，其参数为当前请求的 URL，例如："PROXY api.tianapi.com:80"
close	关闭 HTTP 连接	force:bool 值，设置是否强制关闭，默认为 false，会在连接结束活跃状态后关闭

表 7-2 中通过 URL 打开 HTTP 连接的方法中需要传入一个 Uri 对象，Uri 对象可以使用表 7-3 中的工厂构造方法创建。

表 7-3　工厂构造方法

方法名	意义	参数
Uri	基础的构造方法	scheme：String 类型，设置请求协议 userInfo：String 类型，设置用户信息 host：String 类型，设置主机地址 port：int 类型，设置端口 path：String 类型，设置路径 pathSegments：可迭代的集合，设置路径 query：String 类型，设置请求的参数字符串 queryParameters：设置请求的参数 Map
Uri.http	构造 HTTP 协议的 Uri 对象	authority：主机地址 unencodedPath：未编码的路径，此方法会进行编码 queryParameters：参数 Map
Uri.thhps	构造 HTTPS 协议的 Uri 对象	参数同上

7.1.4　关于 HttpClientRequest 请求对象

在 7.1.3 小节介绍的方法中，调用任意打开 HTTP 连接的方法后都会返回一个 HttpClientRequest 对象，这个对象用来描述 HTTP 客户端请求，其中封装了请求的方法、参数、地址等信息，并且提供了接口对请求头数据、请求 Cookie 数据进行设置。HttpClientRequest 对象中的属性列举如表 7-4 所示。

表 7-4　HttpClientRequest 对象中的属性

属性名	意义	值
persistentConnection	设置请求状态是否持久	bool 值，默认为 true
followRedirects	设置请求是否跟踪重定向	bool 值，默认为 true
maxRedirects	设置最大重定向次数	int 值，默认为 5
method	获取请求的方法，只有 get 方法，在打开请求连接时确定，不能设置	string 值
uri	获取请求的地址 uri，不能设置	Uri 对象
contentLength	设置请求的内容长度	int 值
bufferOutput	设置请求是否允许数据流输出	bool 值，默认为 true
headers	获取请求头对象	HttpHeaders 对象
cookies	获取请求 Cookie 列表	元素为 Cookie 的 List 对象
done	获取 HttpClientResponse 类型的 Future 对象，当请求完成，客户端获取到服务端返回的数据后，可以通过这个 Future 对象获取	Future<HttpClientResponse>对象
connectionInfo	获取连接信息	HttpConnectionInfo 对象

调用 HttpClientRequest 对象的 close 方法会将请求输入关闭，并返回一个和 done 属性一致的 Future<HttpClientResponse>对象，Future<HttpClientResponse>包装了请求回执对象，当请求回执完成后，可以从其中获取具体的返回数据。

HttpHeaders 对象用来描述请求头信息，在发起 HTTP 请求时，通常需要在请求头中添加一些额外的信息，例如用户凭证信息、数据格式信息等。HttpHeaders 对象提供了一些操作请求头信息的属性和方法，下面详细介绍。

HttpHeaders 对象的常用属性如表 7-5 所示。

表 7-5　HttpHeaders 对象的常用属性

属性名	意义	值
date	设置或获取请求头 date 字段的值	DateTime 对象
expires	设置或获取请求头 expires 字段的值	DateTime 对象
ifModifiedSince	设置或获取请求头 if-modified-since 字段的值	DateTime 对象
host	设置或获取请求头 host 字段中的主机地址部分的值	string 对象
port	设置或获取请求头 port 字段中的端口部分的值	int 对象
contentType	设置或获取请求头中内容类型字段的值	ContentType 对象
contentLength	设置或获取请求头中内容长度字段的值	int 对象
persistentConnection	设置请求头中的持久化连接字段的值	bool 类型
chunkedTransferEncoding	设置或获取请求头中分块传输字段的值	bool 类型

HttpHeaders 对象的常用方法如表 7-6 所示。

表 7-6　HttpHeaders 对象的常用方法

方法名	意义	参数
value	获取请求头中某个字段的值	name：字段名
add	向请求头中添加一个字段	name：字段名 value：字段值
set	设置请求头中某个字段的值	name：字段名 value：字段值
remove	删除请求头中的某个字段的值	name：字段名 value：字段值
removeAll	删除请求头中某个字段的所有值	name：字段名
clear	删除请求头中的所有字段	无

7.1.5　关于 HttpClientResponse 回执对象

HttpClientResponse 对象中封装了服务端传送给客户端数据的相关信息，当获取到 HttpClientResponse 对象时，可以通过其中封装的属性获取返回数据的相关信息，如表 7-7 所示。

表 7-7　HttpClientResponse 中封装的属性

属性名	意义	值
statusCode	获取请求回执的状态码	int 对象
reasonPhrase	获取回执状态码的可读化信息	string 对象
contentLength	获取数据内容长度	int 对象
persistentConnection	获取持久化连接配置情况	bool 对象
isRedirect	获取是否是重定向	bool 对象
redirects	获取重定向信息列表	List<RedirectInfo>对象
headers	获取回执头信息	HttpHeaders 对象
cookies	获取 Cookie 数据	Cookie 列表

可以调用 HttpClientResponse 中的 transform 方法来对绘制的数据流进行解码，在前面的测试代码中，我们使用的是 UTF-8 的解码方式，之后调用 join 方法用来接收数据，这个方法调用后会返回一个 string 类型的 Feature 对象，当数据接收完后，即可获取完整的请求回执内容。

7.1.6　请求方法

通过 7.1.5 小节的学习，我们知道在使用 HTTP 协议进行网络请求时，可以指定使用的请求方法，请求方法指定了客户端向服务端请求资源的方式，常用的请求方法有如下 8 种：

- GET 是常用的请求方法，其通常用来从服务端获取资源，也可以用来进行数据的查询。GET 方法的请求参数会拼接在请求的 URL 后面，URL 路径与参数之间使用"？"符号进行分割，参数的键值对之间使用"&"进行分割。
- POST 方法通常用来传递数据到服务端，其和 GET 方法的用法类似，不同的是其参数会放在请求体中，相比 GET 方法，POST 方法更加安全，并且可传递的数据量也更大。
- HEAD 方法用来向服务端请求数据的头部信息，通常用来进行状态码、数据类型、数据更新时间的数据的查看。
- PUT 方法通常用来进行文件的上传，在请求体中需要放入文件数据。
- DELETE 方法用来删除服务端的资源，与 PUT 方法相反。
- CONNECT 方法用来请求建立连接。
- OPTIONS 方法用于在客户端查询服务端所支持的请求方式。
- TRACE 方法用来跟踪服务端收到的请求，对服务端的状态进行测试。

在实际应用中，我们需要根据业务功能选择合适的请求方法。

7.2 JSON 数据解析

在 7.1 节中，我们使用互联网上免费的接口服务将数据成功请求到了客户端。但是请求到的数据是 JSON 格式的字符串，要使用这些数据，需要对 JSON 数据进行解析，将其转换成 Dart 对象，再使用 Dart 对象来进行页面数据的填充。

7.2.1 手动解析 JSON 数据

当服务端提供的数据格式确定之后，首先需要根据确定的数据格式来进行数据模型的定义，之后借助 dart:convert 库进行 JSON 数据的解析，例如"每日英语"接口返回的数据结构如下：

```
{ "code": 200, "msg": "success", "newslist": [ { "en": "Have you seen the doctor?", "zh": " 你看过医生了吗？" } ] }
```

从这个 JSON 数据结构中，可以看到最外层是一个字典，其中有 3 个键：code、msg 和 newslist。code 是返回的状态码，msg 为接口状态信息，newslist 是我们需要的具体数据列表，根据这个示例请求返回数据的结构，定义数据模型如下：

```dart
class ResponseModel {
  final int code;
  final String msg;
  final List<DataModel> newslist;
  ResponseModel(this.code, this.msg, this.newslist);
  factory ResponseModel.model(Map<String, dynamic> json) {
    List<DataModel> list = new List<DataModel>();
    for (Map<String,dynamic> map in json["newslist"]) {
      list.add(new DataModel(map["en"],map["zh"]));
    }
    return new ResponseModel(json["code"],json["msg"],list);
  }
}
class DataModel {
  final String en;
  final String zh;
  DataModel(this.en, this.zh);
}
```

ResponseModel 对应最外层的字典结构，DataModel 是业务需要使用的具体数据模型，在 ResponseModel 的工厂构造方法中定义了数据模型映射的规则，当请求的数据返回时，借助 json.decode 方法即可将 JSON 字符串解析为 Map 对象。需要注意，首先应该引入如下 Dart 库：

```dart
import 'dart:convert';
```

请求示例代码如下：

```
var url = Uri.http("api.tianapi.com", "/txapi/ensentence/",{"key" : "ef7f04344615b7ff44a8b3aa78aa27f3"});
    var request = await client.getUrl(url);
    request.done.then((res){
      var contentFeature = res.transform(utf8.decoder).join();
      contentFeature.then((content){
        ResponseModel dataModel = ResponseModel.model(json.decode(content));
        print("code: ${dataModel.code}");
        print("msg: ${dataModel.msg}");
        dataModel.newslist.forEach((data){
          print("en: ${data.en}\n zh: ${data.zh}");
        });
      });
    });
    request.close();
```

从控制台的打印信息可以看到，已经成功将服务端返回的数据解析成了 Dart 对象。

7.2.2 将网络数据渲染到页面

前面已经将网络数据映射成了 Dart 对象，根据数据来渲染界面简单很多。首先，在天行数据网上选择一个新闻资讯类的接口用来测试，根据接口返回数据的格式进行数据模型的定义，例如：

```
class ResponseModel {
  final int code;
  final String msg;
  final List<DataModel> newslist;
  ResponseModel(this.code, this.msg, this.newslist);
  factory ResponseModel.model(Map<String, dynamic> json) {
    List<DataModel> list = new List<DataModel>();
    for (Map<String,dynamic> map in json["newslist"]) {
        list.add(new DataModel(map["ctime"],map["title"],map["description"],map["picUrl"],map["url"]));
    }
    return new ResponseModel(json["code"],json["msg"],list);
  }
}
class DataModel {
  final String ctime;
  final String title;
  final String description;
  final String picUrl;
  final String url;
  DataModel(this.ctime, this.title, this.description, this.picUrl, this.url);
}
```

上面的 DataModel 数据模型中封装了新闻资讯的具体数据，ctime 为文章的创建时间，title 为文章的标题，description 为文章的描述信息，picUrl 是文章所配图片的网络地址，url 为文章详情页，本节先不做文章详情页的跳转，只将文章目录渲染到页面列表中。

示例代码如下：

```
// 应用程序入口
void main() => runApp(MyApp());
// 主页面
class MyApp extends StatelessWidget {
  // This widget is the root of your application.
  @override
  Widget build(BuildContext context) {
    return MaterialApp(
      title: 'Flutter Demo',
      theme: ThemeData(
        primarySwatch: Colors.blue,
      ),
      // 加载首页
      home: MyHomePage(title: 'Flutter Demo Home Page'),
    );
  }
}
// 应用首页组件
class MyHomePage extends StatefulWidget {
  MyHomePage({Key key, this.title}) : super(key: key);
  final String title;
  @override
  _MyHomePageState createState() => _MyHomePageState();
}
class _MyHomePageState extends State<MyHomePage> {
  // 存放网络数据解析后的数据模型
  List<DataModel> items = new List<DataModel>();
  @override
  Widget build(BuildContext context) {
    getData();
    return Scaffold(
      appBar: AppBar(
        title: Text(widget.title),
      ),
      // 使用列表组件进行页面的渲染
      body: new ListView.builder(itemBuilder: (context, index){
        return Container(
            // 使用行布局将页面拆分成水平的 3 部分
          child: Row(
            crossAxisAlignment: CrossAxisAlignment.start,
            children: <Widget>[
              // 加载文章的网络缩略图
              Image.network(items[index].picUrl,width: 80,height: 80,),
              // 将描述和标题使用列布局进行竖直排列
              Column(
                children: <Widget>[
```

```
                Container(
                  child:Text(items[index].description, style: TextStyle(fontSize: 19),),
                  padding: EdgeInsets.fromLTRB(10, 5, 0, 0),
                ),
                Container(
                  child: Text(items[index].title,softWrap: true,),
                  width: 250,
                  padding: EdgeInsets.fromLTRB(10, 6, 0, 0),
                ),
              ],
              crossAxisAlignment: CrossAxisAlignment.start,
            ),
            // 最右侧显示文章创建时间
            Container(
              child: Text(items[index].ctime.substring(5,10)),
              padding: EdgeInsets.only(top: 10),
            )
          ],
        ),
        padding: EdgeInsets.fromLTRB(15, 15, 15, 10),
        decoration: UnderlineTabIndicator(borderSide: BorderSide(color: Colors.grey,width: 1), insets: EdgeInsets.only(left: 20)),
      );
    },itemCount: items.length)
  );
}
// 请求数据函数
getData() async {
  HttpClient client = HttpClient();
  var url = Uri.http("api.tianapi.com", "/internet/",{"key" : "ef7f04344615b7ff44a8b3aa78aa27f3","num" : "30"});
  var request = await client.getUrl(url);
  request.done.then((res){
    var contentFeature = res.transform(utf8.decoder).join();
    contentFeature.then((content){
      ResponseModel dataModel = ResponseModel.model(json.decode(content));
      // 重设状态，刷新页面
      this.setState((){
        items = dataModel.newslist;
      });
    });
  });
  request.close();
 }
}
```

上面的示例代码主要编写了列表的布局样式，运行代码，效果如图 7-3 所示。

图 7-3　使用网络数据渲染页面

7.3　数据持久化存储

数据持久化是指将数据持久地存储在本地，可以是服务端通过网络传递到客户端的数据，也可以是用户的某些行为产生的数据。数据持久化在实际应用中非常重要，例如有会员系统的应用程序需要将用户的登录信息进行持久化的存储，需要从网络获取大量非实时性信息的应用程序可以将获取到的数据进行持久化保存，方便用户下次使用，等等。在 Flutter 中引入一些插件，可以非常轻松地实现数据的持久化存储。

7.3.1　插件的使用

在 Flutter 标准的 SDK 中并没有提供太多的功能，除了拥有核心和基础的功能外，Flutter 标准 SDK 几乎不包含任何冗余的模块。当我们需要使用到某些特殊的功能时，可以通过安装插件的方式来快速集成相关的功能模块。

安装和使用 Flutter 插件非常简单，首先可以在官方的 Flutter 插件网站查询自己所需要的功能插件，网址如下：

```
https://pub.dev/flutter/packages
```

在其中可以检索需要使用的插件，例如我们要进行数据持久化操作，可以使用一个名叫 shared_preferences 的插件，找到这个插件，并进入插件主页，可以看到网页上有展示插件的最新版本号、使用方法、示例代码以及测试代码，如图 7-4 所示。

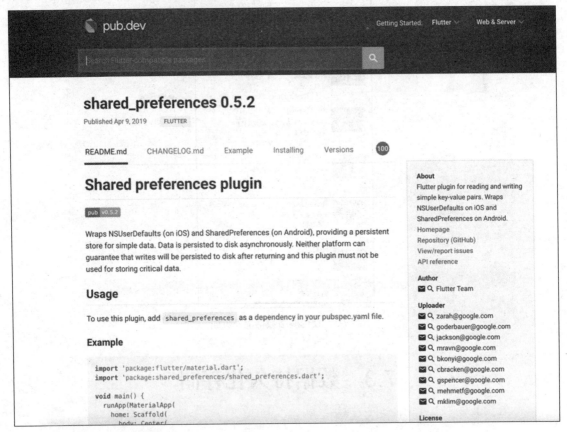

图 7-4　插件首页

要在 Flutter 工程中使用插件，首先需要在 pubspec.yaml 文件中添加依赖，代码如下：

```
dependencies:
  flutter:
    sdk: flutter
  shared_preferences: ^0.5.2
```

插件的版本号可以在拆件的首页中查看。之后，在 Android Studio 中选中 pubspec.yaml 文件并右击，在弹出的菜单中依次选择 Flutter→Flutter Packages Get，之后进行插件的下载安装，如图 7-5 所示。

安装完成后，可以直接使用 import 导入相关的插件包进行使用，下一小节将演示 shared_preferences 插件的应用。

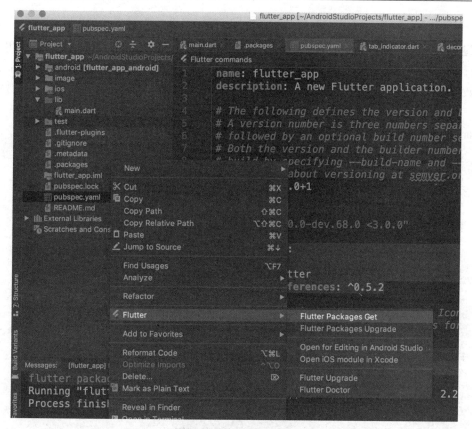

图 7-5　安装 Flutter 插件

7.3.2　使用 shared_preferences 插件

　　shared_preferences 是一个用于持久化存储简单类型数据的 Flutter 插件，其内部实际上使用的是原生的持久化功能库，在 iOS 系统上，其使用的是 NSUserDefaults，在 Android 系统上，其使用的是 SharedPreferences。

　　首先，对于持久化数据的操作无非增、删、改、查 4 种。shared_preferences 中采用键值对的方式进行数据存储，因此增和改实际上是同一种操作，示例代码如下：

```
saveData() async{
  SharedPreferences prefs = await SharedPreferences.getInstance();
  String stringData = "HelloWorld";
  await prefs.setString("stringData", stringData);
  int intData = 100;
  await prefs.setInt("intData", intData);
  bool boolData = true;
  await prefs.setBool("boolData", boolData);
  List<String> listDta = ["1","2","3"];
  await prefs.setStringList("listData", listDta);
  double doubleData = 3.14;
  await prefs.setDouble("doubleData", doubleData);
```

}

通过 SharedPreferences.getInstance()方法可以获取全局的 SharedPreferences 对象，使用这个对象来进行数据的操作。上面的代码演示了简单数据的存储方法，需要注意，SharedPreferences 对象在进行数据操作时虽然非常轻量级，但其依然是一个耗时的操作，因此通常需要异步进行数据的存取。

SharedPreferences 支持 5 种基础数据类型的存储，分别如下：

- 字符串类型
- 整数类型
- 浮点数类型
- 布尔类型
- 字符串列表类型

我们可以在 main 函数中调用 saveData 方法进行测试：

```
void main() {
  saveData();
}
```

使用 SharedPreferences 获取已经存储的数据非常简单，示例如下：

```
getData() async{
  SharedPreferences prefs = await SharedPreferences.getInstance();
  String stringData = await prefs.getString("stringData");
  int intData = await prefs.getInt("intData");
  double doubleData = await prefs.getDouble("doubleData");
  bool boolData = await prefs.getBool("boolData");
  List<String> listData = await prefs.getStringList("listData");
  print(stringData);
  print(intData);
  print(doubleData);
  print(boolData);
  print(listData);
}
```

关闭应用程序后，修改 main 函数如下：

```
void main() {
  getData();
}
```

运行代码，从控制台的打印信息可以看出已经成功获取了持久化的数据，打印信息如下：

```
flutter: HelloWorld
flutter: 100
flutter: 3.14
flutter: true
flutter: [1, 2, 3]
```

除了上面的示例代码中演示的方法外，SharedPreferences 对象中还有一些常用的方法，如表

7-8 所示。

表 7-8 SharedPreferences 对象中的常用方法

方法名	意义	参数
getKeys	获取所有的键，会返回字符串集合	无
get	获取某个键对应的数据	string 类型的键名
containsKey	检查持久化的储存库中是否包含某个键	string 类型的键名
remove	删除某个储存数据	string 类型的键名
clear	清空所有数据	无

7.3.3 进行文件的读写

Dart 的文件操作接口可以直接对文件进行操作，但是在 Flutter 中，我们需要在原生系统的文件系统中操作文件，因此首先需要获取原生系统的文件目录路径，可以使用 path_provider 插件来完成这个需求。

下面的网址是 path_provider 插件的官方主页，其中介绍了 path_provider 插件的简单使用方法：
https://pub.dev/flutter

首先在 pubspec.yaml 文件中添加如下依赖：

```
path_provider: ^1.1.0
```

之后，执行 flutter packages get 指令来进行插件的安装。安装完成后，即可在工程中使用 path_provider 插件。

path_provider 插件中提供了两个非常重要的方法：getTemporaryDirectory()用来获取临时文件的根目录，这个目录下的文件可能随时会被系统清理，其可以作为缓存文件目录来使用；getApplicationDocumentsDirectory()方法用来获取应用的文档根目录，这个目录供开发者进行文件持久化存储使用，开发者也可以在其内部继续创建子目录，当应用程序被删除时，这个目录中的文件就会被清除。

通过 path_provider 插件获取文件的路径后，可以借助 dart:io 库中的文件接口来进行文件的读写操作。示例如下：

```
void main() {
  saveFile();
}
saveFile() async{
  // 获取文档目录
  var appDocDir = await getApplicationDocumentsDirectory();
  String appDocPath = appDocDir.path;
  // 拼接文件路径
  String filePath = appDocPath + "/myFile.txt";
  print(appDocPath);
  // 打开文件
  File file = File(filePath);
  // 向文件中写入内容
  file.writeAsStringSync("文件内容:HelloWorld");
```

}
```

运行代码,从控制台打印的信息可以看到文件存储的位置,如果是使用模拟器运行的代码,就可以根据路径在计算机中找到新建的文件,如图 7-6 所示。

图 7-6　新建文件

从已经存在的文件中读取数据非常简单,示例代码如下:

```
getFile() async {
  var appDocDir = await getApplicationDocumentsDirectory();
  String appDocPath = appDocDir.path;
  String filePath = appDocPath + "/myFile.txt";
  File file = File(filePath);
  String string = file.readAsStringSync();
  print(string);
}
```

需要注意,如果需要分文件夹进行文件管理,就需要借助 Dart 的目录操作接口,示例如下:

```
saveFile() async {
  var appDocDir = await getApplicationDocumentsDirectory();
  Directory(appDocDir.path + "/myDic").createSync();
  String appDocPath = appDocDir.path + "/myDic";
  String filePath = appDocPath + "/myFile.txt";
  print(appDocPath);
  File file = File(filePath);
  file.writeAsStringSync("文件内容:HelloWorld");
}
```

运行上面的示例代码,会在应用程序的文档目录下创建 myDic 目录,并在 myDic 目录下创建 myFile.txt 文件。
```

7.4 Flutter 中的页面切换

在前面的学习中,我们更注重单页面的开发,包括使用简单的独立组件、组合使用组件构建复杂的页面以及使用网络与数据相关功能。但是在实际应用中,一个完整的应用程序往往拥有多个页面,例如有会员系统的应用程序至少包括登录注册页面、内容页面、个人设置页面等。

涉及多个页面的应用程序不得不需要设计页面间的跳转切换。在 Flutter 中,使用导航的方式进行页面的跳转控制。

7.4.1 使用 Navigator 进行页面跳转

首先需要在测试工程中创建两个用来进行切换的页面。在 Flutter 中,一个页面其实就是一个组件。示例代码如下:

```
void main() => runApp(MaterialApp(
  home: FirstPage(),
));
class FirstPage extends StatelessWidget {
  @override
  Widget build(BuildContext context) {
    return Scaffold(
      appBar: AppBar(
        title: Text('第一个页面'),
      ),
      body: Center(
        child: RaisedButton(
          child: Text('跳转到页面二'),
          onPressed: () {
          },
        ),
      ),
    );
  }
}
class SecondPage extends StatelessWidget {
  @override
  Widget build(BuildContext context) {
    return Scaffold(
      appBar: AppBar(
        title: Text("第二个页面"),
      ),
      body: Center(
        child: RaisedButton(
          onPressed: () {
          },
```

```
          child: Text('返回上一个页面'),
        ),
      ),
    );
  }
}
```

上面的代码创建了两个简单的页面,将第一个页面作为首页进行加载,运行代码,效果如图 7-7 所示。

图 7-7　页面跳转

上面的代码中,在页面一和页面二中分别创建了一个功能按钮,目前对其触发事件还没有进行实现。使用 Navagator.push() 方法弹出一个新的页面,示例如下:

```
RaisedButton(
  child: Text('跳转到页面二'),
  onPressed: () {
    Navigator.push(context, MaterialPageRoute(builder: (context){
      return SecondPage();
    }));
  },
)
```

Navagator.push() 方法会将第二个页面压入导航的路由栈中,栈中最上层的页面就是当前渲染在页面上的页面,在第二个页面中,可以调用 Navigator.pop 方法进行返回,例如:

```
RaisedButton(
    onPressed: () {
```

```
      Navigator.pop(context);
    },
    child: Text('返回上一个页面'),
)
```

有时，同一个页面可能会在应用程序中的多个地方使用，这时使用上面的方式来进行跳转需要编写非常多的重复代码，我们也可以将常用的页面定义为路由，再使用 Navigator.pushName()方法来选择路由进行跳转，例如：

```
void main() => runApp(MaterialApp(
  initialRoute: '/',
  routes: {
    '/':(context)=>FirstPage(),
    '/sec':(context)=>SecondPage()
  },
));
class FirstPage extends StatelessWidget {
  @override
  Widget build(BuildContext context) {
    return Scaffold(
      appBar: AppBar(
        title: Text('第一个页面'),
      ),
      body: Center(
        child: RaisedButton(
          child: Text('跳转到页面二'),
          onPressed: () {
            Navigator.pushNamed(context, '/sec');
          },
        ),
      ),
    );
  }
}
```

在定义路由时，initialRoute 属性用来配置初始页面的路由，routes 属性需要配置为一个路由字典，其中键为定义的路由名，值为路由构建回调。使用上面的示例代码也可以完成页面的跳转。

7.4.2 正向页面传值

页面间的跳转往往伴随着数据的传递，从跳转前的页面向跳转后的页面进行数据传递的操作通常被称为正向传值，同理，从跳转后的页面向跳转前的页面进行传值的操作被称为逆向传值。

正向传值可以通过直接在页面的构造函数中传参的方式实现，例如：

```
class FirstPage extends StatelessWidget {
  @override
  Widget build(BuildContext context) {
    return Scaffold(
      appBar: AppBar(
```

```
        title: Text('第一个页面'),
      ),
      body: Center(
        child: RaisedButton(
          child: Text('跳转到页面二'),
          onPressed: () {
          Navigator.push(context, MaterialPageRoute(builder: (context){
            return SecondPage("新页面", "新按钮");
          }));
          },
        ),
      ),
    );
  }
}
class SecondPage extends StatelessWidget {
  String title;
  String buttonTitle;
  SecondPage(this.title, this.buttonTitle);
  @override
  Widget build(BuildContext context) {
    return Scaffold(
      appBar: AppBar(
        title: Text(title),
      ),
      body: Center(
        child: RaisedButton(
          onPressed: () {
            Navigator.pop(context);
          },
          child: Text(buttonTitle),
        ),
      ),
    );
  }
}
```

运行代码，可以看到第二个页面已经获取到了第一个页面传递进来的数据，并将其渲染到了页面上，如图 7-8 所示。

图 7-8　通过构造函数直接传值

如果是通过定义路由的方式进行页面跳转的，那么也可以进行正向传值，只是在获取数据的时候要略微麻烦一点，示例代码如下：

```
// 定义路由
void main() => runApp(MaterialApp(
  initialRoute: '/',
  routes: {
    '/':(context)=>FirstPage(),
    '/sec':(context)=>SecondPage()
  },
));
// 第一个页面
class FirstPage extends StatelessWidget {
  @override
  Widget build(BuildContext context) {
    return Scaffold(
      appBar: AppBar(
        title: Text('第一个页面'),
      ),
      body: Center(
        child: RaisedButton(
          child: Text('跳转到页面二'),
          onPressed: () {
            // 通过 arguments 传递参数
            Navigator.pushNamed(context, '/sec', arguments: ["新页面", "新按钮"]);
          },
```

```
      ),
     ),
    );
  }
}
// 第二个页面
class SecondPage extends StatelessWidget {
  @override
  Widget build(BuildContext context) {
    // 获取通过路由传递的参数
    List<String> args = ModalRoute.of(context).settings.arguments;
    return Scaffold(
      appBar: AppBar(
        title: Text(args[0]),
      ),
      body: Center(
        child: RaisedButton(
          onPressed: () {
            Navigator.pop(context);
          },
          child: Text(args[1]),
        ),
      ),
    );
  }
}
```

7.4.3 反向页面传值

在实际开发中，从后一个页面向前一个页面传递数据的反向传值也很常用。例如，后一个页面的某些用户行为会影响前一个页面的渲染，这时就需要使用反向传值，其实在调用 Navigator.push()方法进行页面跳转时会返回一个 Feature 对象，当使用 Navigator.pop()方法离开页面时，Feature 对象会将传递的数据进行包装，示例代码如下：

```
class FirstPage extends StatelessWidget {
  @override
  Widget build(BuildContext context) {
    return Scaffold(
      appBar: AppBar(
        title: Text("HelloWorld"),
      ),
      body: Center(
        child: RaisedButton(
          child: Text('跳转到页面二'),
          onPressed: () {
            Navigator.pushNamed(context,
                '/sec',
                arguments: ["新页面", "新按钮"]).then((result){
              // 获取传递的数据
```

```
            print(result);
          });
        },
      ),
    ),
  );
}
}
class SecondPage extends StatelessWidget {
  @override
  Widget build(BuildContext context) {
    List<String> args = ModalRoute.of(context).settings.arguments;
    return Scaffold(
      appBar: AppBar(
        title: Text(args[0]),
      ),
      body: Center(
        child: RaisedButton(
          onPressed: () {
            // 进行数据传递
            Navigator.pop(context, "HelloWorld");
          },
          child: Text(args[1]),
        ),
      ),
    );
  }
}
```

第 8 章

用 Flutter 进行新闻客户端的开发

通过前面几章的学习，你应该已经掌握了开发 Flutter 应用程序所需的基本技能。然而，如果现在让你从零开发一款 Flutter 应用程序，你一定会一脸迷茫。虽然我们已经介绍了开发 Flutter 应用所需要的各个独立技能，但是缺少综合运用和实战开发的练习。本章开始，我们就将学习的重点放在实战练习。本章将通过一个简单的新闻应用来手把手地和你一起开发一款相对完整的 Flutter 应用。在编写代码的过程中，可以将前面章节所学习的内容综合进行理解与应用。

通过本章，你将学习到：

- 软件项目的需求分析
- 软件项目的开发规划与模块拆分
- 综合运用 Flutter 组件进行实战页面开发
- 数据与网络的实战应用

8.1 新闻客户端需求分析与开发前的准备

需求分析是指在软件进行工程开发之前，工程方面需要理解和确认的软件整理功能。一般情况下，需求的整理与分析是产品经理的分内工作。在产品经理整理需求的过程中，工程开发人员需要配合进行可行性和成本性的分析并提出建议。

对于小团队或个人开发者，需求分析不一定非要产品部门完成，每一个人都可以为自己所做的产品提供想法与建议。

8.1.1 新闻客户端应用需要具备的功能

以本章将要完成的新闻客户端为例，首先，我们需要分析这个应用程序应该提供给用户哪些

功能。简单起见,对于阅读类的新闻应用程序,可以提供如下功能点:

- 热门新闻列表
- 分类新闻列表
- 新闻详情页
- 收藏与删除收藏功能

其中,热门新闻列表用来展示一些热门推荐的新闻,可以将其设计为应用的首页,不定时地更新当下热门的新闻推荐给用户阅读。

新闻分类功能可以分为两个页面:一个页面展示分类目录,供用户选择其所感兴趣的分类;另一个页面用来将当前分类下的新闻整合成列表提供给用户进行留言。

新闻详情页是此新闻应用的核心页面,其展示新闻的具体内容供用户阅读,在技术上,可以借助网页视图进行新闻详情页的渲染。

除了上面的功能外,新闻的收藏功能也非常重要,用户可以将自己感兴趣的新闻进行收藏,之后可以在收藏列表中收藏过的新闻。

8.1.2 开发前的技术准备

分析完产品需求,作为开发者,我们应该明确地知道自己需要做什么以及怎样做。之后,设计相关人员对产品涉及的页面进行设计,开发相关人员则可以做一些前期的技术准备。作为学习演示使用,我们不需要额外关注设计方面,可以参考同类型的其他产品的页面设计。

新闻类应用的及时性非常强,我们首先需要准备一个接口服务来为应用提供数据支持。

第 7 章介绍过在 Flutter 中如何通过接口服务获取数据,并且介绍了一个互联网上提供接口服务的供应商供学习使用,我们可以使用免费的额度进行测试。

应用的首页用来展示热门新闻,我们可以选取天行数据的"综合新闻"接口服务,接口服务详细信息地址:https://www.tianapi.com/apiview/87。

选定接口后,首先需要查看接口的文档,明确接口的调用参数和返回数据的格式,"综合新闻"接口服务的参数与返回数据示例如图 8-1 所示。

在参数列表中,key 为在注册天行数据网站的会员后分配给我们的 APIKEY;num 和 page 参数用来进行分页加载;rand 参数用来表明是否随机获取,对于作为应用中"热门新闻"的数据来源,在使用时可以将这个参数设置为"1",从服务端随机获取新闻数据;word 参数用来进行检索,在当前应用中使用不到,可以将其忽略。

返回数据类型也是我们需要特别关注的地方,从示例中可以看到,数据中会将新闻的时间、标题、类别描述、图片地址和内容详情地址告诉我们,使用这些字段可以进行新闻列表样式的设计,并且通过内容详情地址可以跳转到新闻的详情页面,具体使用在后面的实际操作中演示。

▼ 请求参数

请求参数	类型	必填	参数位置	示例值	备注说明
key	string	是	urlParam	用户自己的APIKEY	API密钥
num	int	是	urlParam	10	返回数量
page	int	否	urlParam	1	翻页
rand	int	否	urlParam	1	随机获取
word	string	否	urlParam	天行数据	检索关键词

▼ 返回示例

```
{
"code":200,
"msg":"success",
"newslist":[
{
"ctime":"2019-05-14 23:00",
"title":"黄金空头千三关口刷存在感,但好景料不长久,美联储准备好迎接不定时炸弹",
"description":"龙讯财经",
"picUrl":"https://img.longaa.com/article/20190514/image_1557843146049.png!195x130",
"url":"https://www.longau.com/article/2019-5-14/1557843195671.html"
},
{
"ctime":"2019-05-14 22:56",
"title":"因嫌疑仍存在争论 法院驳回胜利拘留令",
"description":"网易明星",
"picUrl":"http://imgsize.ph.126.net/?imgurl=http://cms-bucket.ws.126.net/2019/05/14/288964d27fcb4622b3f68fee897daaae.png_130x90x1x85.jpg",
"url":"https://ent.163.com/19/0514/22/EF61T92T00038F09.html"
},
{
"ctime":"2019-05-14 16:50",
"title":"美官员称伊朗应为船只遇袭负责 但未提供任何证据",
"description":"中华国际",
```

图 8-1　接口文档示例

8.1.3　应用项目搭建

本章将使用 Android Studio 开发工具进行项目的开发,首先使用 Android Studio 创建一个新的 Flutter 工程(需要安装 Flutter 和 Dart 插件,第 1 章介绍过了)。打开 Android Studio,选择 Start a new Flutter project,如图 8-2 所示。

图 8-2　新建 Flutter 项目

在弹出的项目模板窗口中,选择 Flutter Application 模板,创建一个独立的 Flutter 项目,如图 8-3 所示。

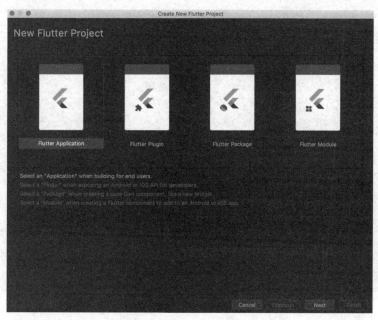

图 8-3 选择项目模板

之后,将工程命名为 flutter_news,完成创建即可。

默认生成的 Flutter 工程自带一些模板文件,运行工程会启动 "计数器" 示例应用,我们可以对工程做一些简单的整理,去除不需要的代码。

首先,将 lib 文件夹下的 main.dart 文件修改如下,删除冗余代码:

```
import 'package:flutter/material.dart';
void main() => runApp(App());
class App extends StatelessWidget {
  @override
  Widget build(BuildContext context) {
    return Container();
  }
}
```

对应的,将 test 文件夹下的 widget_test.dart 文件中的代码修改如下:

```
void main() {
}
```

完成冗余代码的清理后,运行工程,会启动一个 "空" 的应用程序。下面在 lib 文件夹下新建一些包,用来分类存放后面我们将要编写的 dart 代码,首先在 lib 文件夹上右击,选择 New→Package,如图 8-4 所示。

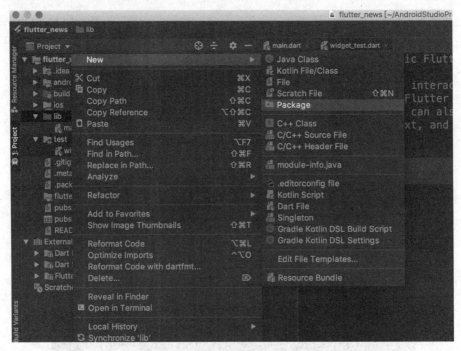

图 8-4 新建包

在 lib 文件夹下新建一些包，并且在与 lib 同级的目录下新建一个名为 images 的目录，最终结构如图 8-5 所示。

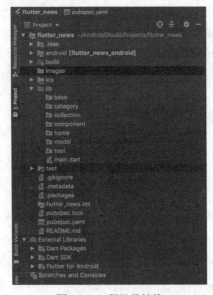

图 8-5 工程目录结构

各个目录功能如下：

- images：存放项目中使用到的静态图片资源。
- base：存放定义静态数据的文件，例如接口地址、静态字符串等。

- category: 存放"分类"功能模块使用到的相关文件。
- collection: 存放"收藏"功能模块使用到的相关文件。
- home: 存放"首页"模块使用到的相关文件。
- model: 存放数据模型相关文件。
- tool: 存放工具相关文件,例如网络请求工具。

有序地对工程文件进行整理可以帮助我们高效地管理文件,提高开发效率。

8.2 新闻客户端主页的开发

主要采用列表的方式将热门新闻数据展示给用户,除此之外,还需要提供下拉刷新与上拉加载更多的功能。

8.2.1 搭建首页框架

经过前面的需求分析,我们打算开发的"新闻客户端"应用主要有两大功能,一个是热门新闻,另一个是分类新闻。因此,应用的首页需要提供两个可以切换的标签,通过标签的切换来切换功能模块,可以使用 DefaultTabController 组件来实现多模块的聚合页面。首先在 category 和 home 文件夹下新建两个 Dart 文件,命名为 category_view.dart 与 home_view.dart,在 category_view.dart 中编写如下代码:

```
import 'package:flutter/material.dart';
class CategoryView extends StatefulWidget {
  @override
  State<StatefulWidget> createState() {
    return _CategoryViewState();
  }
}
class _CategoryViewState extends State<CategoryView> {
  @override
  void initState() {
    super.initState();
  }
  @override
  Widget build(BuildContext context) {
    return Container(color: Colors.black);
  }
}
```

home_view.dart 与之类似,编写代码如下:

```
import 'package:flutter/material.dart';
class HomeView extends StatefulWidget {
  @override
```

```dart
    State<StatefulWidget> createState() {
      return _HomeViewState();
    }
}

class _HomeViewState extends State<HomeView> {
  @override
  void initState() {
    super.initState();
  }
  @override
  Widget build(BuildContext context) {
    return Container(color: Colors.white);
  }
}
```

需要注意，上面两个页面类都需要继承自 StatefulWidget 类，StatefulWidget 类用来构建有状态的组件，后面可以通过网络请求的数据进行动态刷新。

修改 main.dart 文件中的代码如下：

```dart
import 'package:flutter/material.dart';
import 'package:flutter_news/home/home_view.dart';
import 'package:flutter_news/category/category_view.dart';
void main() => runApp(App());
class App extends StatelessWidget {
  @override
  Widget build(BuildContext context) {
    // TODO: implement build
    return _containerView();
  }
  Widget _containerView() {
    return DefaultTabController(length: 2, child: MaterialApp(
      home: Scaffold(
        appBar: AppBar(
          bottom: TabBar(tabs: [
            Tab(child: Text("热门", style: TextStyle(color: Colors.black)),),
            Tab(child: Text("分类", style: TextStyle(color: Colors.black)),)
          ],indicatorColor: Colors.green,),
          title: Text("新闻资讯", style: TextStyle(color: Colors.black),),
          backgroundColor: Colors.white,
        ),
        body: TabBarView(children: [
          HomeView(),
          CategoryView()
        ]),
      ),
    ));
  }
}
```

DefaultTabController 是标签控制器，运行代码，效果如图 8-6 所示。

图 8-6 标签控制器

8.2.2 "热门新闻"页面开发

"热门新闻"页面可以设计为上下两部分,上半部分为广告轮播位,我们可以使用热门新闻的前几条数据来进行填充,下半部分渲染为正常的无限列表。对于轮播广告位,可以使用 flutter_swiper 插件实现。

首先,在 pubspec.yaml 中引用如下插件:

```
flutter_swiper : ^1.1.6
```

之后在终端执行如下指令获取插件包:

```
flutter packages get
```

执行完上面的命令后,使用 flutter_swiper 插件,flutter_swiper 插件的功能非常强大,在 home_view.dart 文件中编写如下代码来进行主页面的构建:

```
import 'package:flutter/material.dart';
// 导入轮播插件
import 'package:flutter_swiper/flutter_swiper.dart';
class HomeView extends StatefulWidget {
  @override
  State<StatefulWidget> createState() {
    // TODO: implement createState
    return _HomeViewState();
  }
```

```dart
}
class _HomeViewState extends State<HomeView> {
  @override
  void initState() {
    // TODO: implement initState
    super.initState();
  }
  @override
  Widget build(BuildContext context) {
    // TODO: implement build
    return Container(
      // 构建列表
      child: ListView.builder(
        itemBuilder: (BuildContext context, int index) {
          if (index == 0) {
            // 构建轮播组件
            return Container(
              child: Swiper(
                pagination: SwiperPagination(),
                control: SwiperControl(),
                autoplay: true,
                itemCount: 3,
                itemBuilder: (BuildContext context, int index) {
                  return Container(
                    color: Colors.orange,
                    width: MediaQuery.of(context).size.width,
                    height: 150,
                    child: Center(
                      child: Text(
                        "轮播图$index",
                        style: TextStyle(
                          fontSize: 50,
                        ),
                        textAlign: TextAlign.center,
                      ),
                    ),
                  );
                }),
              height: 150,
            );
          } else {
            // 构建列表数据组件
            return Container(
              child: Row(
                children: <Widget>[
                  Container(
                    child: Image.network(
                      "",
                      width: 130,
                      height: 110,
```

```
              ),
              color: Colors.grey,
            ),
            Column(
              children: <Widget>[
                Container(
                  child: Text(
                    "新闻标题",
                    overflow: TextOverflow.ellipsis,
                    maxLines: 2,
                    style: TextStyle(
                        fontSize: 15, fontWeight: FontWeight.bold),
                  ),
                  margin: EdgeInsets.only(left: 10, top: 10, right: 10),
                  width: MediaQuery.of(context).size.width - 130 - 20,
                ),
                Container(
                  child: Text("新闻来源"),
                  margin: EdgeInsets.only(left: 10, top: 5),
                ),
                Container(
                  child: Text("发布时间"),
                  margin: EdgeInsets.only(left: 10, top: 5),
                )
              ],
              crossAxisAlignment: CrossAxisAlignment.start,
            )
          ],
        ),
        height: 110,
        width: MediaQuery.of(context).size.width,
        margin: EdgeInsets.only(bottom: 1),
        color: Colors.amber,
      );
    }
  },
  itemCount: 10,
),
width: MediaQuery.of(context).size.width,
height: MediaQuery.of(context).size.height,
color: Colors.white,
);
 }
}
```

上面的代码编写了纯静态的"热门"页面,还没有加入数据逻辑,运行代码,效果如图 8-7 所示。

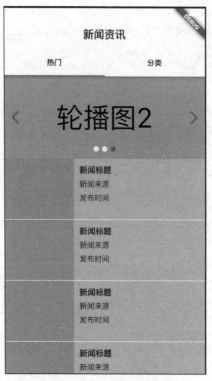

图8-7 静态的"热门"页面效果

8.2.3 开发下拉刷新与上拉加载更多功能

下拉刷新与上拉加载更多功能是资讯类应用必不可少的功能。在 Flutter 应用中，实现这两个功能非常容易，8.2.2 小节我们编写了很多代码，布局嵌套得非常冗长，通常在实际开发中，可以将组件的构建单独拆离出来，封装成内部方法。修改 home_view.dart 文件如下：

```dart
import 'package:flutter/material.dart';
// 导入轮播插件
import 'package:flutter_swiper/flutter_swiper.dart';
class HomeView extends StatefulWidget {
  @override
  State<StatefulWidget> createState() {
    // TODO: implement createState
    return _HomeViewState();
  }
}
class _HomeViewState extends State<HomeView> {
  // 声明滚动控制器属性，用来实现上拉加载更多功能
  ScrollController _scrollController;
  @override
  void initState() {
    super.initState();
    // 对控制器进行初始化
```

```dart
    _scrollController = ScrollController()..addListener((){
      // 模拟触发上拉加载更多
      if (_scrollController.position.pixels ==
      _scrollController.position.maxScrollExtent) {
        print("上拉加载啦！");
      }
    });
  }
  @override
  Widget build(BuildContext context) {
    return Container(
      // 使用 Flutter 原生的下拉刷新组件
      child: RefreshIndicator(child: ListView.builder(
        itemBuilder: (BuildContext context, int index) {
          if (index == 0) {
            // 构建轮播组件
            return _buildSwiper(context);
          } else {
            // 构建列表数据组件
            return _buildItem(context, index);
          }
        },
        itemCount: 10,
        controller: _scrollController
      ), onRefresh: _onRefresh),
      width: MediaQuery.of(context).size.width,
      height: MediaQuery.of(context).size.height,
      color: Colors.white,
    );
  }
  // 模拟下拉刷新方法
  Future<Null> _onRefresh() async {
    await Future.delayed(Duration(seconds: 3), () {
      print("下拉刷新啦！");
    });
  }
  // 构建轮播组件的方法
  Widget _buildSwiper(BuildContext context) {
    return Container(
      child: Swiper(
        pagination: SwiperPagination(),
        control: SwiperControl(),
        autoplay: true,
        itemCount: 3,
        itemBuilder: (BuildContext context, int index) {
          return Container(
            color: Colors.orange,
            width: MediaQuery.of(context).size.width,
            height: 150,
            child: Center(
```

```dart
          child: Text(
            "轮播图$index",
            style: TextStyle(
              fontSize: 50,
            ),
            textAlign: TextAlign.center,
          ),
        ),
      );
    }),
    height: 150,
  );
}
// 构建列表项组件的方法
Widget _buildItem(BuildContext content, int index) {
  return Container(
    child: Row(
      children: <Widget>[
        Container(
          child: Image.network(
            "",
            width: 130,
            height: 110,
          ),
          color: Colors.grey,
        ),
        Column(
          children: <Widget>[
            Container(
              child: Text(
                "新闻标题",
                overflow: TextOverflow.ellipsis,
                maxLines: 2,
                style: TextStyle(
                    fontSize: 15, fontWeight: FontWeight.bold),
              ),
              margin: EdgeInsets.only(left: 10, top: 10, right: 10),
              width: MediaQuery.of(context).size.width - 130 - 20,
            ),
            Container(
              child: Text("新闻来源"),
              margin: EdgeInsets.only(left: 10, top: 5),
            ),
            Container(
              child: Text("发布时间"),
              margin: EdgeInsets.only(left: 10, top: 5),
            )
          ],
          crossAxisAlignment: CrossAxisAlignment.start,
        )
```

```
      ],
    ),
    height: 110,
    width: MediaQuery.of(context).size.width,
    margin: EdgeInsets.only(bottom: 1),
    color: Colors.amber,
  );
}
```

通过上面的代码，我们实现了一个简单的下拉刷新与上拉加载更多的壳子，后面会接入网络请求来将真实的数据渲染到页面上。

8.3 首页网络请求与数据填充

通过数据进行页面渲染需要完成 3 个步骤，首先需要通过网络请求将数据从服务端下载到客户端，之后需要通过 JSON 解析技术将数据解析成指定的数据模型，最后将数据模型与页面上的组件进行绑定，实现页面的渲染。

8.3.1 进行首页数据请求

首先在 base 文件夹下新建一个名为 base.dart 的文件，用来定义所有的静态字符串，代码如下：

```
const String URL_KEY = "cc1fe4c3da4e38cf4f50cfbfe9de3XXXX";
const String URL_DOMAIN = "api.tianapi.com";
const String URL_HOME_DATA_PATH = "/generalnews/";
```

上面只定义了当前需要用到的 APPKEY、天行数据 API 的域名和热门新闻的接口路径，后面可以根据需要继续添加。

在 tool 文件夹下新建一个名为 net_manager.dart 的文件，编写代码如下：

```
import 'dart:io';
import 'package:flutter_news/base/base.dart';
import 'dart:convert';
class NetManager {
  Future<String> queryHomeData(int page) async {
    var httpClient = HttpClient();
    var uri = Uri.http(URL_DOMAIN, URL_HOME_DATA_PATH,{"key":URL_KEY,
"num":"10", "page" : "$page"});
    var request = await httpClient.getUrl(uri);
    var response = await request.close();
    var responseBody = await response.transform(utf8.decoder).join();
    return responseBody;
  }
}
```

NetManager 类统一管理所有网络请求，上面的代码实现了首页数据的请求方法，请求完成后，会将数据转成字符串返回。

在 HomeView 类中可以测试请求方法，首先导入 net_manger.dart 模块，代码如下：

```
import 'package:flutter_news/tool/net_manager.dart';
```

在 _HomeViewState 类内部定义一个网络管理器属性，代码如下：

```
NetManager _netManager = NetManager();
```

在 _HomeViewState 类内部定义一个请求数据的方法，代码如下：

```
void _requestData(int page) async {
    String data = await _netManager.queryHomeData(page);
    print(data);
}
```

在 initState 方法中调用上面的请求方法进行测试：

```
_requestData(1);
```

运行代码，通过观察控制台的打印信息可以看到请求的结果。

8.3.2 定义数据模型与数据解析

JSON 数据解析可以采用 json_serializable 插件来完成，通过执行命令可以帮助我们生成需要的数据模型，首先在 pubspec.yaml 中添加如下依赖：

```
dependencies:
  flutter:
    sdk: flutter
  flutter_swiper : ^1.1.6
  json_annotation: ^2.4.0

dev_dependencies:
  flutter_test:
    sdk: flutter
  build_runner: ^1.6.0
  json_serializable: ^3.0.0
```

执行 flutter package get 安装插件即可。

要使用 json_serializable 生成数据模型，在定义数据模型时需要遵守一定的模板格式，在 model 文件夹下新建一个名为 home_model.dart 的文件，编写代码如下：

```
import 'package:json_annotation/json_annotation.dart';

part 'home_model.g.dart';

///这个标注是告诉生成器，这个类是需要生成Model类的
@JsonSerializable()
```

```
class HomeModel {
  int code;
  String msg;
  List<HomeData> newslist;
  HomeModel(this.code, this.msg, this.newslist);
  factory HomeModel.fromJson(Map<String, dynamic> json) =>
_$HomeModelFromJson(json);
  Map<String, dynamic> toJson() => _$HomeModelToJson(this);
}

///这个标注是告诉生成器,这个类是需要生成 Model 类的
@JsonSerializable()
class HomeData {
  String ctime;
  String title;
  String description;
  String picUrl;
  String url;
  HomeData(this.ctime, this.title, this.description, this.picUrl, this.url);
  factory HomeData.fromJson(Map<String, dynamic> json) =>
_$HomeDataFromJson(json);
  Map<String, dynamic> toJson() => _$HomeDataToJson(this);
}
```

这个数据模型的属性字段要与接口返回的数据一致。定义完成后,工程会报错,那是因为还没有生成用于解析 JSON 的模块,执行如下命令生成即可:

```
flutter packages pub run build_runner build
```

生成完成后,可以对 queryHomeData 方法进行修改,将请求的数据解析为 HomeModel 对象,代码如下:

```
import 'dart:io';
import 'package:flutter_news/base/base.dart';
import 'dart:convert';
import 'package:flutter_news/model/home_model.dart';
class NetManager {
  Future<HomeModel> queryHomeData(int page) async {
    var httpClient = HttpClient();
    var uri = Uri.http(URL_DOMAIN, URL_HOME_DATA_PATH,{"key":URL_KEY,
"num":"10", "page" : "$page"});
    var request = await httpClient.getUrl(uri);
    var response = await request.close();
    var responseBody = await response.transform(utf8.decoder).join();
    return HomeModel.fromJson(json.decode(responseBody));
  }
}
```

8.3.3 填充首页数据

完成将服务端提供的数据转换成客户端需要的数据模型后,填充页面的数据非常简单,只需要从数据模型中获取页面数据需要变动的地方即可,完整的 home_view.dart 文件代码如下:

```dart
import 'package:flutter/material.dart';
import 'package:flutter_news/tool/net_manager.dart';
import 'package:flutter_news/model/home_model.dart';
import 'package:flutter_swiper/flutter_swiper.dart'
class HomeView extends StatefulWidget {
  @override
  State<StatefulWidget> createState() {
    // TODO: implement createState
    return _HomeViewState();
  }
}
class _HomeViewState extends State<HomeView> {
  ScrollController _scrollController;
  NetManager _netManager = NetManager();
  List<HomeData> _datalist = List<HomeData>();
  int _currentPage = 1;
  @override
  void initState() {
    // TODO: implement initState
    super.initState();
    _scrollController = ScrollController()
      ..addListener(() {
        if (_scrollController.position.pixels ==
            _scrollController.position.maxScrollExtent) {
          _requestData(_currentPage);
        }
      });
    _requestData(_currentPage);
  }
  Future _requestData(int page) async {
    HomeModel data = await _netManager.queryHomeData(page);
    if (page == 1) {
      // 刷新
      _datalist.clear();
      _datalist.addAll(data.newslist);
    } else {
      // 加载更多
      _datalist.addAll(data.newslist);
    }
    _currentPage++;
    this.setState(() {});
    return;
  }
  @override
  Widget build(BuildContext context) {
```

```dart
    // TODO: implement build
    return Container(
      // 构建列表
      child: RefreshIndicator(
        child: ListView.builder(
            itemBuilder: (BuildContext context, int index) {
              if (index == 0) {
                // 构建轮播组件
                return _buildSwiper(context);
              } else {
                // 构建列表数据组件
                return _buildItem(context, index + 2);
              }
            },
            itemCount: _getItemCount(),
            controller: _scrollController),
        onRefresh: _onRefresh),
      width: MediaQuery.of(context).size.width,
      height: MediaQuery.of(context).size.height,
      color: Colors.white,
    );
}
int _getItemCount() {
  if (_datalist != null && _datalist.length > 3) {
    // 聚合 3 个内容作为轮播内容
    return _datalist.length - 3 + 1;
  } else {
    return 0;
  }
}
Future<Null> _onRefresh() async {
  _currentPage = 1;
  await _requestData(_currentPage);
}
Widget _buildSwiper(BuildContext context) {
  return Container(
    child: Swiper(
        pagination: SwiperPagination(),
        control: SwiperControl(),
        autoplay: true,
        itemCount: 3,
        itemBuilder: (BuildContext context, int index) {
          return Container(
            width: MediaQuery.of(context).size.width,
            height: 150,
            child: Image.network(
              _datalist[index].picUrl,
              height: 150,
              width: MediaQuery.of(context).size.width,
              fit: BoxFit.cover,
```

```
          ),
        );
      }),
      height: 150,
      margin: EdgeInsets.only(bottom: 5),
    );
  }
  Widget _buildItem(BuildContext content, int index) {
    return Container(
      child: Row(
        children: <Widget>[
          Container(
            child: Image.network(
              _datalist[index].picUrl,
              width: 130,
              height: 110,
              fit: BoxFit.cover,
            ),
          ),
          Column(
            children: <Widget>[
              Container(
                child: Text(
                  _datalist[index].title,
                  overflow: TextOverflow.ellipsis,
                  maxLines: 2,
                  style: TextStyle(fontSize: 15, fontWeight: FontWeight.bold),
                ),
                margin: EdgeInsets.only(left: 10, top: 10, right: 10),
                width: MediaQuery.of(context).size.width - 130 - 20,
              ),
              Container(
                child: Text(_datalist[index].description),
                margin: EdgeInsets.only(left: 10, top: 5),
              ),
              Container(
                child: Text(_datalist[index].ctime),
                margin: EdgeInsets.only(left: 10, top: 5),
              )
            ],
            crossAxisAlignment: CrossAxisAlignment.start,
          )
        ],
      ),
      height: 110,
      width: MediaQuery.of(context).size.width,
      margin: EdgeInsets.only(bottom: 1),
    );
  }
}
```

上面的代码中，有一点需要注意，我们将请求到的前 3 个数据提供给轮播组件使用，从第 4 个数据开始进行列表的渲染，运行代码，效果如图 8-8 所示。

图 8-8　完整的首页"热门"模块效果

8.4　分类模块的开发

有了分类模块，用户可以十分方便地找到自己感兴趣的领域进行新闻信息的阅读。分类模块可以提供两个页面，分类模块的主页为所有的分类目录，用户选择目录可以进入响应分类的新闻列表。

8.4.1　新闻分类主页开发

关于新闻分类主页，我们可以采用网格布局，根据天行数据网上提供的新闻接口定义 10 个分类。在 category_view.dart 文件中编写如下代码：

```
import 'package:flutter/material.dart';

class CategoryView extends StatefulWidget {
  @override
  State<StatefulWidget> createState() {
    // TODO: implement createState
    return _CategoryViewState();
  }
}
class _CategoryViewState extends State<CategoryView> {
```

```dart
// 所有分类标题
List<String> _categorys = [
  "综合新闻",
  "汽车新闻",
  "国内新闻",
  "动漫新闻",
  "财经新闻",
  "游戏新闻",
  "国际新闻",
  "人工智能",
  "军事新闻",
  "体育新闻"
];
@override
void initState() {
  super.initState();
}

@override
Widget build(BuildContext context) {
  return Container(
    child: ListView.builder(
      itemBuilder: (BuildContext context, int index) {
        return _getItem(context, index);
      },
      itemCount: _categorys.length ~/ 2),
  );
}
// 进行布局
Widget _getItem(BuildContext context, index) {
  return Container(
    child: Row(
      children: <Widget>[
        Container(
          child: Center(child: Text(_categorys[index * 2], textAlign: TextAlign.center, style: TextStyle(fontSize: 30,color: Colors.white),),),
          width: MediaQuery.of(context).size.width / 2,
          color: index % 2 == 0 ? Colors.orange : Colors.blueAccent,
          height: 130,
        ),
        Container(
          child:Center(child: Text(_categorys[index * 2 + 1], textAlign: TextAlign.center,style: TextStyle(fontSize: 30,color: Colors.white) ),),
          width: MediaQuery.of(context).size.width / 2,
          color: index % 2 == 0 ? Colors.blueAccent : Colors.orange,
          height: 130,
        )
      ],
    ),
    width: MediaQuery.of(context).size.width,
```

```
        height: 130,
      );
   }
}
```

上面的代码中采用了列表的方式来布局分类,每一行有两列,运行代码,效果如图 8-9 所示。

图 8-9 新闻分类首页

8.4.2 开发分类列表

当用户点击某个具体的分类时,程序需要跳转到分类新闻列表,列表中是当前分类下所有的新闻数据,支持下拉刷新与上拉加载更多。

首先,在 base.dart 文件中定义所有需要使用到的接口路径,代码如下:

```
const List<String> CATEGORY_PATH_ARRAY = [
  "/social/",
  "/auto/",
  "/guonei/",
  "/dongman/",
  "/caijing/",
  "/game/",
  "/world/",
  "/ai/",
  "/military/",
  "/tiyu/"
];
```

在 category_view.dart 文件中修改 _getItem 方法,让其可以交互用户点击事件,并将需要请求的分类名称与请求路径传递给列表页面：

```
Widget _getItem(BuildContext context, index) {
  return Container(
    child: Row(
      children: <Widget>[
        GestureDetector(
          child: Container(
            child: Center(
              child: Text(
                _categorys[index * 2],
                textAlign: TextAlign.center,
                style: TextStyle(fontSize: 30, color: Colors.white),
              ),
            ),
            width: MediaQuery.of(context).size.width / 2,
            color: index % 2 == 0 ? Colors.orange : Colors.blueAccent,
            height: 130,
          ),
          onTap: () {
            Navigator.push(context,
              new MaterialPageRoute(builder: (BuildContext context) {
              return CategoryListView(
                CATEGORY_PATH_ARRAY[index * 2], _categorys[index * 2]);
            }));
          },
        ),
        GestureDetector(
          child: Container(
            child: Center(
              child: Text(_categorys[index * 2 + 1],
                textAlign: TextAlign.center,
                style: TextStyle(fontSize: 30, color: Colors.white)),
            ),
            width: MediaQuery.of(context).size.width / 2,
            color: index % 2 == 0 ? Colors.blueAccent : Colors.orange,
            height: 130,
          ),
          onTap: () {
            Navigator.push(context,
              new MaterialPageRoute(builder: (BuildContext context) {
              return CategoryListView(CATEGORY_PATH_ARRAY[index * 2 + 1],
                _categorys[index * 2 + 1]);
            }));
          },
        )
      ],
    ),
    width: MediaQuery.of(context).size.width,
    height: 130,
```

        );
    }

在 category 文件夹下新建一个名为 category_list_view.dart 的文件,将其作为分类列表页,编写代码如下:

```
import 'package:flutter/material.dart';
import 'package:flutter_news/model/home_model.dart';
import 'package:flutter_news/tool/net_manager.dart';
class CategoryListView extends StatefulWidget {
  String path;
  String title;
  CategoryListView(this.path, this.title);
  @override
  State<StatefulWidget> createState() {
    // TODO: implement createState
    return _CategoryListViewState(path, title);
  }
}
class _CategoryListViewState extends State<CategoryListView> {
  ScrollController _scrollController;
  NetManager _netManager = NetManager();
  List<HomeData> _datalist = List<HomeData>();
  int _currentPage = 1;
  String path;
  String title;
  _CategoryListViewState(this.path, this.title);
  @override
  void initState() {
    // TODO: implement initState
    super.initState();
    _scrollController = ScrollController()
      ..addListener(() {
        if (_scrollController.position.pixels ==
            _scrollController.position.maxScrollExtent) {
          _requestData(_currentPage);
        }
      });
    _requestData(_currentPage);
  }
  @override
  Widget build(BuildContext context) {
    AppBar _appbar = AppBar(title: Text(title));
    // TODO: implement build
    return Scaffold(
      appBar: _appbar,
      body: Container(
        child: RefreshIndicator(
          child: ListView.builder(
            itemBuilder: (BuildContext context, int index) {
              return _buildItem(context, index);
```

```
            },
            itemCount: this._datalist.length,
            controller: _scrollController),
        onRefresh: _onRefresh),
      width: MediaQuery.of(context).size.width,
      height:
          MediaQuery.of(context).size.height -
_appbar.preferredSize.height,
      color: Colors.white,
    ),
  );
}
Future<Null> _onRefresh() async {
  _currentPage = 1;
  await _requestData(_currentPage);
}
Future _requestData(int page) async {
  HomeModel data = await _netManager.queryListData(path, page);
  if (page == 1) {
    // 刷新
    _datalist.clear();
    _datalist.addAll(data.newslist);
  } else {
    // 加载更多
    _datalist.addAll(data.newslist);
  }
  _currentPage++;
  this.setState(() {});
  return;
}
Widget _buildItem(BuildContext content, int index) {
  return Container(
    child: Row(
      children: <Widget>[
        Container(
          child: Image.network(
            _datalist[index].picUrl,
            width: 130,
            height: 110,
            fit: BoxFit.cover,
          ),
        ),
        Column(
          children: <Widget>[
            Container(
              child: Text(
                _datalist[index].title,
                overflow: TextOverflow.ellipsis,
                maxLines: 2,
                style: TextStyle(fontSize: 15, fontWeight: FontWeight.bold),
```

```
                ),
                margin: EdgeInsets.only(left: 10, top: 10, right: 10),
                width: MediaQuery.of(context).size.width - 130 - 20,
              ),
              Container(
                child: Text(_datalist[index].description),
                margin: EdgeInsets.only(left: 10, top: 5),
              ),
              Container(
                child: Text(_datalist[index].ctime),
                margin: EdgeInsets.only(left: 10, top: 5),
              )
            ],
            crossAxisAlignment: CrossAxisAlignment.start,
          )
        ],
      ),
      height: 110,
      width: MediaQuery.of(context).size.width,
      margin: EdgeInsets.only(bottom: 1),
    );
  }
}
```

这个页面的布局样式和刷新加载逻辑与"热门新闻"页面基本一致,它们的代码基本都可以复用。运行工程,点击一个分类,页面会跳转到分类列表页,如图 8-10 所示。

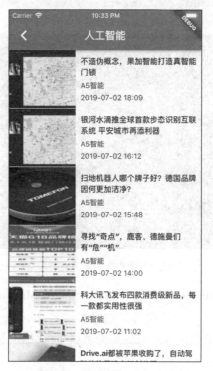

图 8-10　分类新闻列表页面

到此，新闻浏览核心的列表页面已经基本开发完成，后面当用户点击某个新闻后，我们需要让其跳转到新闻详情页，并支持新闻的收藏。

8.5 新闻详情页开发

新闻详情页实际上是一个网页视图，在 Flutter 中原生没有提供网页视图组件，但是可以通过插件来实现。

8.5.1 使用 flutter_native_web 插件进行网页渲染

flutter_native_web 插件是 Flutter 中用来加载原生网页视图的插件，在 pubspec.yaml 文件中添加如下插件依赖：

```
flutter_native_web: ^1.0.3
```

之后执行 flutter packages get 命令获取插件包。

需要注意，在应用中使用原生网页视图需要对 iOS 工程或 Android 工程添加权限标识。

对于 iOS 工程，在工程目录中的 ios→Runner→info.plist 文件的指定位置添加如下两行文本（如图 8-11 所示）：

```
<key>io.flutter.embedded_views_preview</key>
<true/>
```

图 8-11　配置 iOS 工程支持网页视图

对于 Android 工程，在 android→app→src→main→AndroidManifest.xml 文件中添加如下文本（如图 8-12 所示）：

```
<uses-permission android:name="android.permission.INTERNET"/>
```

图 8-12　配置 Android 工程支持网页视图

完成上面的配置后,在 collection 文件夹下新建一个名为 detail_view.dart 的文件,在其中编写如下代码:

```dart
import 'package:flutter/material.dart';
import 'package:flutter_native_web/flutter_native_web.dart';
class DetailView extends StatefulWidget {
  String url;
  String title;
  DetailView(this.url, this.title);
  @override
  State<StatefulWidget> createState() {
    return _DetailViewState(url, title);
  }
}
class _DetailViewState extends State<DetailView> {
  String url;
  String title;
  _DetailViewState(this.url, this.title);
  WebController _contrller;
  @override
  void initState() {
    super.initState();
  }
  @override
  Widget build(BuildContext context) {
    AppBar _appbar = AppBar(
      title: Text(title),
    );
      return Scaffold(
        appBar: _appbar,
        body: Container(
          child: FlutterNativeWeb(onWebCreated: (WebController controller){
            _contrller = controller;
            controller.loadUrl(this.url);
          }),
          width: MediaQuery.of(context).size.width,
          height: MediaQuery.of(context).size.height - _appbar.preferredSize.height,
        ),
```

```
    );
  }
}
```

下面只需要对所有列表中的新闻项加上跳转逻辑即可,以分类列表中的列表项为例:

```
Widget _buildItem(BuildContext content, int index) {
    return GestureDetector(
      child: Container(
        child: Row(
          children: <Widget>[
            Container(
              child: Image.network(
                _datalist[index].picUrl,
                width: 130,
                height: 110,
                fit: BoxFit.cover,
              ),
            ),
            Column(
              children: <Widget>[
                Container(
                  child: Text(
                    _datalist[index].title,
                    overflow: TextOverflow.ellipsis,
                    maxLines: 2,
                    style:
                        TextStyle(fontSize: 15, fontWeight: FontWeight.bold),
                  ),
                  margin: EdgeInsets.only(left: 10, top: 10, right: 10),
                  width: MediaQuery.of(context).size.width - 130 - 20,
                ),
                Container(
                  child: Text(_datalist[index].description),
                  margin: EdgeInsets.only(left: 10, top: 5),
                ),
                Container(
                  child: Text(_datalist[index].ctime),
                  margin: EdgeInsets.only(left: 10, top: 5),
                )
              ],
              crossAxisAlignment: CrossAxisAlignment.start,
            )
          ],
        ),
        height: 110,
        width: MediaQuery.of(context).size.width,
        margin: EdgeInsets.only(bottom: 1),
      ),
      onTap: () {
        Navigator.push(context,
```

```
            new MaterialPageRoute(builder: (BuildContext context) {
              return DetailView(_datalist[index].url, _datalist[index].title);
            }));
      });
    }
```

首页的跳转逻辑与之类似,读者可以自行添加,完成后的新闻详情页效果如图 8-13 所示。

图 8-13　新闻详情页网页效果

8.5.2　添加收藏功能

收藏功能用来帮助用户将感兴趣的内容进行本地保存,当用户下次想要浏览时,可以方便地找到收藏的内容。实现用户收藏功能需要借助下面的插件:

```
fluttertoast: ^3.1.0
shared_preferences: ^0.5.3
```

其中,fluttertoast 用来弹出提示消息,是一个界面组件插件;shared_preference 用来将数据保存到本地,是一个持久化存储功能插件。安装完上面两个插件后,实现新闻的收藏功能,在新闻详情页的导航栏上添加一个功能按钮,代码如下:

```
AppBar _appbar = AppBar(
  title: Text(title),
  actions: <Widget>[
    GestureDetector(
      child: Container(
        child: Icon(
          Icons.add,
        ),
```

```
      width: 60,
    ),
  onTap: (){
    showDialog(context: context,builder: (BuildContext context){
      return new AlertDialog(
        title: new Text('确定添加到收藏么'),
        actions: <Widget>[
          new FlatButton(
            child: new Text('确定'),
            onPressed: () {
              _addCollection();
              Navigator.of(context).pop();
            },
          ),
          new FlatButton(
            child: new Text('取消'),
            onPressed: () {
              Navigator.of(context).pop();
            },
          )
        ],
      );
    });
  },
  )
 ],
);
```

当用户点击收藏按钮后,会弹出确认收藏弹窗,如图 8-14 所示。

图 8-14 确认收藏弹窗效果

实现添加收藏的方法如下：

```
void _addCollection() async{
  SharedPreferences prefs = await SharedPreferences.getInstance();
  String data = prefs.get(this.url);
  if (data == null) {
    await prefs.setString(this.url, this.title);
    Fluttertoast.showToast(msg: "收藏成功~");
  } else {
    Fluttertoast.showToast(msg: "已经添加过收藏了~");
  }
}
```

SharedPreferences 通过键值对的方式将数据存储到本地，如上面的代码所示，我们使用新闻详情页的 URL 地址作为键、新闻标题作为值进行存储，如果用户已经收藏过，就会弹出提示信息；如果没有收藏过，就会将新闻的详情地址页和标题存储到本地。

8.5.3 实现收藏列表

收藏列表会展示用户收藏过的所有新闻，通过收藏列表用户可以便捷地跳转到所收藏新闻的详情页，方便阅读。同时，收藏列表也需要向用户提供删除收藏数据的功能。

首先在首页导航上添加一个功能按钮，点击后会跳转到收藏列表页面，将 main.dart 中的代码修改如下：

```
import 'package:flutter/material.dart';
import 'package:flutter_news/home/home_view.dart';
import 'package:flutter_news/category/category_view.dart';
import 'collection/collection_view.dart';
void main() => runApp(App());
class App extends StatelessWidget {
  @override
  Widget build(BuildContext context) {
    // TODO: implement build
    return MaterialApp(
      home: _HomeView(),
    );
  }
}
class _HomeView extends StatelessWidget {
  @override
  Widget build(BuildContext context) {
    // TODO: implement build
    return Container(
      child: DefaultTabController(length: 2, child: Scaffold(
        appBar: AppBar(
          bottom: TabBar(tabs: [
            Tab(child: Text("热门", style: TextStyle(color: Colors.white)),),
            Tab(child: Text("分类", style: TextStyle(color: Colors.white)),)
```

```
      ],indicatorColor: Colors.green,),
      title: Text("新闻资讯", style: TextStyle(color: Colors.white),),
      actions: <Widget>[
        GestureDetector(
          child: Container(
            child: Icon(
              Icons.collections,
            ),
            width: 60,
          ),
          onTap: (){
            Navigator.push(context,
                new MaterialPageRoute(builder: (BuildContext context) {
                  return CollectionView();
                }));
          },
        )
      ],
    ),
    body: TabBarView(children: [
      HomeView(),
      CategoryView()
    ]),
  )),
  width: MediaQuery.of(context).size.width,
  height: MediaQuery.of(context).size.height,
);
  }
}
```

在 collection 目录下新建一个名为 collection_view.dart 的文件，编写代码如下：

```
import 'package:flutter/material.dart';
import 'package:shared_preferences/shared_preferences.dart';
import 'package:fluttertoast/fluttertoast.dart';
import 'detail_view.dart';
class CollectionView extends StatefulWidget {
  @override
  State<StatefulWidget> createState() {
    return _CollectionViewState();
  }
}
class _CollectionViewState extends State<CollectionView> {
  List<Map<String,String>> _data = List<Map<String, String>>();
  @override
  void initState() {
    super.initState();
    _initData();
  }
  void _initData() async {
    SharedPreferences prefs = await SharedPreferences.getInstance();
```

```dart
      Set<String> keys = prefs.getKeys();
      for (String key in keys) {
        String value = await prefs.get(key);
        _data.add({key:value});
      }
      this.setState((){});
  }
  @override
  Widget build(BuildContext context) {
    AppBar _appbar = AppBar(
      title: Text("我的收藏"),
    );
    return Scaffold(
      appBar: _appbar,
      body: Container(
        child: ListView.builder(itemBuilder: (BuildContext context, int index){
          return _buildItem(context, index);
        }, itemCount: _data.length,),
        color: Colors.black26,
      ),
    );
  }
  Widget _buildItem(BuildContext context, int index) {
    return Dismissible(
      direction: DismissDirection.endToStart,
      background: new Container(color: Colors.red,child: Row(
        children: <Widget>[
          Container(
            child: Text("删除", style: TextStyle(color: Colors.white),),
            margin: EdgeInsets.only(right: 10),
          ),
        ],
        mainAxisAlignment: MainAxisAlignment.end,
      ),),
      key: Key("$index"),
      onDismissed: (direction) {
        if (direction == DismissDirection.endToStart) {
          _removeDataAt(index);
        }
      },
      child: GestureDetector(
        child: Container(
          child: Center(
            child: Text(_data[index].values.last, style: TextStyle(fontSize: 15),),
          ),
          height: 60,
          width: MediaQuery.of(context).size.width,
          color: Colors.white,
          margin: EdgeInsets.only(bottom: 1),
```

```
        ),
      onTap: (){
        Navigator.push(context,
          new MaterialPageRoute(builder: (BuildContext context) {
            return DetailView(_data[index].keys.last,
_data[index].values.last);
          }));
      },
    ),
  );
}
void _removeDataAt(int index) async{
  SharedPreferences prefs = await SharedPreferences.getInstance();
  await prefs.remove(_data[index].keys.last);
  _data.removeAt(index);
  this.setState((){});
  Fluttertoast.showToast(msg: "删除成功");
 }
}
```

需要注意，上面在构建列表时使用到了一个新的组件：Dismissible。这个组件是 Flutter 中提供的一个非常强大的交互组件，其可以方便地实现列表的左滑删除功能。

运行代码，挑选几篇感兴趣的新闻加入收藏，之后可以在收藏列表看到已经收藏的内容，并且可以通过左滑手势删除收藏的内容。

至此，"新闻客户端"实战应用核心的功能已经开发完成，目前这个应用依然十分简陋，读者可以根据自己的创意在此基础上完善与优化这个项目，尽量多地练习之前学习到的内容。

第 9 章

用 Flutter 开发"棍子传奇"小游戏

通过第 8 章的练习,相信你已经掌握了使用 Flutter 开发基础应用类程序的技能。使用 Flutter 也可以轻松地开发出游戏程序。本章将通过"棍子传奇"小游戏来向你介绍 Flutter 游戏开发的思路,并练习使用 Flutter 开发一款完整的游戏应用。

你可能听说过"棍子英雄"这个小游戏,这个游戏曾经非常火爆,其玩法简单,玩家通过控制手指长按的时间来控制"棍子"生长的长短,用来跨过两个着陆点之间的悬崖。本章我们将模仿此游戏进行开发。

9.1 游戏开始页面开发

游戏类程序与应用类程序很大的一个区别在于,游戏通常有炫酷的动效、丰富的音效以及漂亮的字体。对于游戏开始页面,我们可以将其设计为一个静态的页面,提供一个"开始游戏"的按钮。

首先新建一个 Flutter 工程,创建工程的过程这里不再赘述。创建工程后,在工程的根目录下新建一个名为 src 的文件夹,用来存放游戏所需要使用的素材。可以在 src 文件夹下再新建两个子文件夹,命名为 img 和 font,分别用来存放图片资源和字体资源。在 lib 文件夹新建一个包目录,命名为 game,用来存放游戏核心代码文件。

9.1.1 在 Flutter 中引入自定义字体

首先,找到游戏中需要使用的自定义字体文件,一般为 TTF 格式。字体文件可以在互联网上搜索免费的资源使用,这里将使用一款自定义的行书字体。将字体文件放入 src 文件夹中的 font 文件夹下,之后在 pubspec.yaml 文件中引用需要使用的资源,代码如下:

```yaml
flutter:
  uses-material-design: true
  assets:
    - src/img/bg.jpeg
  fonts:
    - family: Custom
      fonts:
        - asset: src/font/font.ttf
```

其中，family 指定自定义字体的名称，fonts 指定字体资源文件。上面的代码顺便将需要使用的背景图片进行了引用。

自定义字体的使用非常简单，我们只需要对 Text 组件的 style 属性进行配置即可，例如：

```dart
Text(
    "棍子传奇",
    style: TextStyle(
        fontSize: 80,
        fontFamily: "Custom",
        color: Colors.white,
        decoration: TextDecoration.none),
)
```

9.1.2 游戏首页的搭建

在 game 文件夹下新建一个名为 game_view.dart 的文件，作为游戏的主场景。首先，在 main.dart 文件中编写如下代码：

```dart
import 'package:flutter/material.dart';
import 'package:hero_game/game/game_view.dart';

void main() => runApp(MyApp());
class MyApp extends StatelessWidget {
  @override
  Widget build(BuildContext context) {
    return MaterialApp(
      home: GameView(),
    );
  }
}
```

上面的代码将游戏的主页加载为 GameView 视图，在 game_view.dart 文件中实现 GameView 类，代码如下：

```dart
class GameView extends StatefulWidget {
  @override
  State<StatefulWidget> createState() {
    SystemChrome.setSystemUIOverlayStyle(SystemUiOverlayStyle.light);
    return _GameViewState();
  }
}
```

需要注意，上面的代码使用了 SystemChrome 中的方法将屏幕状态栏的文字风格设置为白色风格，这是因为我们采用的游戏场景背景是暗色调的，读者也可以根据自己选择的游戏背景图片的颜色进行调整。还有一点需要注意，使用 SystemChrome 中的方法需要导入如下文件：

```
import 'package:flutter/services.dart';
```

_GameViewState 类用来创建游戏的主页面，首先在其中定义一些基础属性并实现一些基础方法，代码如下：

```
class _GameViewState extends State<GameView> with TickerProviderStateMixin {
  // 背景可滚动的宽度
  double _bgWidth = 0;
  // 控制开始按钮状态
  double _startFontSize = 50;
  Color _startFontColor = Colors.black;
  // 控制游戏状态
  double _gameViewAlpah = 0;
  Animation<double> _gameAlphaAniamtion;
  AnimationController _gameAlphaAniamtionController;
  // 控制落点位置
  double _space = 0;
  // 资源销毁
  @override
  void dispose() {
    super.dispose();
    _gameAlphaAniamtionController.dispose();
  }

  @override
  void initState() {
    super.initState();
    // 初始化动画
    _initAlpahAnimation();
  }
  // 初始化动画方法
  void _initAlpahAnimation() {
    this._gameAlphaAniamtionController =
        AnimationController(duration: Duration(milliseconds: 300), vsync: this);
    this._gameAlphaAniamtion =
    Tween(begin: 0.0, end: 1.0).animate(_gameAlphaAniamtionController)
      ..addListener((() {
        setState(() {
          _gameViewAlpah = _gameAlphaAniamtion.value;
        });
      }));
  }
  // 页面构建的基础方法
  @override
  Widget build(BuildContext context) {
```

```
  _bgWidth = MediaQuery.of(context).size.width;
  Size size = MediaQuery.of(context).size;
  if (_space == 0) {
    _space = Random().nextInt(size.width.toInt() - 200).toDouble();
  }
  return Container(
    child: Stack(
      children: <Widget>[
        _buildBG(size),
        _buildStartGameButton(size),
        _buildGameContainerView(size),
        _buildGameTitle(size),
      ],
    ),
  );
}
```

上面的代码中，build 为核心方法，其用来构建页面。在内部，我们将组件的构建都拆离为了单独的方法，_buildBG 方法用来构建页面的背景；_buildGameContainerView 方法用来构建游戏的核心逻辑容器视图，后面玩家与游戏的交互主要在这个容器视图中进行；_buildGameTitle 方法用来构建游戏的标题，在游戏开始前和结束后会显示；_buildStartGameButton 方法用来构建游戏的功能按钮，用来触发游戏的开始。上面的代码中还使用了一个随机数的方法，通过随机数来随机生成悬崖的宽度。使用 Random 相关方法需要导入 dart:math 模块，命令如下：

```
import 'dart:math';
```

分别实现上面所列举的组件构建，方法如下：

```
// 构建游戏背景
Widget _buildBG(size) {
  Image image = Image.asset(
    'src/img/bg.jpeg',
    height: MediaQuery.of(context).size.height,
    fit: BoxFit.fitHeight,
    alignment: Alignment.bottomLeft,
  );
  // 获取背景图片的尺寸
  image.image
      .resolve(ImageConfiguration())
      .addListener((ImageInfo image, bool synchronousCall) {
    double scale = image.image.height / size.height;
    _bgWidth = (image.image.width / scale) - size.height;
    this.setState(() {});
  });
  return Positioned(
    child: image,
    left: 0,
  );
}
// 构建游戏标题
```

```dart
Widget _buildGameTitle(Size size) {
  return Positioned(
    child: Opacity(
      opacity: 1 - _gameViewAlpah,
      child: Container(
        child: Center(
            child: Text(
          "棍子传奇",
          style: TextStyle(
              fontSize: 80,
              fontFamily: "Custom",
              color: Colors.white,
              decoration: TextDecoration.none),
        )),
        height: 90,
        width: size.width,
      ),
    ),
    top: size.height / 2 - 150,
  );
}
// 构建游戏功能按钮
Widget _buildStartGameButton(Size size) {
  return Positioned(
    child: Opacity(
      opacity: 1 - _gameViewAlpah,
      child: GestureDetector(
        child: Container(
          child: Center(
              child: Text(
            "开始游戏",
            style: TextStyle(
                fontSize: _startFontSize,
                fontFamily: "Custom",
                color: _startFontColor,
                decoration: TextDecoration.none),
          )),
          height: 60,
          width: size.width,
        ),
        onTapDown: (tap) {
          _startFontSize = 40;
          _startFontColor = Colors.black26;
          this.setState(() {});
        },
        onTapUp: (tap) {
          _startGame();
        },
        onPanEnd: (pan) {
          _startGame();
```

```
        },
        onPanCancel: () {
          _startGame();
        },
      ),
    ),
    top: size.height / 2 + 60,
  );
}
// 构建核心游戏逻辑容器视图
Widget _buildGameContainerView(Size size) {
  return Positioned(
    child: Opacity(
      opacity: _gameViewAlpah,
      child: Container(
        child: Stack(
          children: <Widget>[
            Positioned(
              child: Container(
                color: Colors.black.withAlpha(200),
              ),
              width: 100,
              height: size.height / 2.4,
              bottom: 0,
            ),
            Positioned(
              child: Container(
                color: Colors.black.withAlpha(200),
              ),
              width: 100 ,
              left: 100 + _space,
              height: size.height / 2.4,
              bottom: 0,
            ),
            Positioned(
              child: Container(
                color: Colors.white,
              ),
              width: 10,
              left: 100 - 10.0,
              height: 24,
              bottom: size.height / 2.4,
            )
          ],
        ),
        color: Colors.transparent,
      ),
    ),
    width: size.width,
    height: size.height,
```

```
    );
}
```

当用户点击开始游戏后，可以通过 AnimationController 来控制游戏场景的切换，实现 _startGame 方法如下：

```
void _startGame() {
  _startFontSize = 50;
  _startFontColor = Colors.black;
  this._gameAlphaAniamtionController.forward();
}
```

运行代码，游戏的初始页面如图 9-1 所示。当玩家点击"开始游戏"按钮后，游戏场景如图 9-2 所示，并且场景是以动画的方式进行切换的。

图 9-1　游戏初始场景

图 9-2　开始游戏场景

如图 9-2 所示，我们使用白色的色块模拟游戏的主人公，后面将实现"棍子"增长效果并使主人公动起来。

9.2　游戏核心逻辑开发

在 9.1 节中，我们已经将基本的游戏初始页面开发完成，但是只是静态的两个场景，本节的任务就是让静态的游戏场景动起来，并且完成游戏胜负判定的逻辑。

9.2.1 "棍子"道具开发

"棍子"是游戏中的一个重要道具，游戏中的英雄人物需要通过棍子在两个着陆点之间搭建天桥来跨越悬崖。玩家需要做的就是控制棍子的长度，使得游戏中的英雄刚好可以通过悬崖。

首先，在_GameViewState 类中定义如下几个动画相关的属性：

```
// 控制棍子长度
double _stickHeight = 0;
Timer _timer;
int _timeTime = 0;
```

其中，_stickHeight 是棍子的长度，初始值为 0；_timer 为定时器对象，用来控制棍子的生长。要使用 Timer 定时器，需要导入如下模块：

```
import 'dart:async';
```

修改创建游戏容器视图的方法，将 Container 组件包装在一个手势组件中，代码如下：

```
Widget _buildGameContainerView(Size size) {
  return Positioned(
    child: Opacity(
      opacity: _gameViewAlpah,
      child: GestureDetector(child:Container(
        child: Stack(
          children: <Widget>[
            Positioned(
              child: Container(
                color: Colors.black.withAlpha(200),
              ),
              width: 100,
              height: size.height / 2.4,
              bottom: 0,
            ),
            Positioned(
              child: Container(
                color: Colors.black.withAlpha(200),
              ),
              width: 100 ,
              left: 100 + _space,
              height: size.height / 2.4,
              bottom: 0,
            ),
            Positioned(
              child: Container(
                color: Colors.white,
              ),
              width: 10,
              left: 100 - 10.0,
              height: 24,
              bottom: size.height / 2.4,
```

```
            ),
            Positioned(
              child: Stack(
                children: <Widget>[
                  Positioned(
                    child: Container(
                      color: Colors.black,
                    ),
                    width: 2,
                    height: _stickHeight,
                    left: 0,
                    bottom: 0,
                  )
                ],
              ),
              width: size.width - 100,
              left: 100 - 2.0,
              bottom: size.height / 2.4,
              height: size.height - size.height / 2.4,
            )
          ],
        ),
        color: Colors.transparent,
      ),
        onTapDown:(tap){
          _timer = Timer.periodic(Duration(milliseconds: 10), (timer){
            _timeTime ++;
            _stickHeight = _timeTime.toDouble();
            this.setState((){
            });
          });
        },
        onTapUp:(tap){
          _timer.cancel();
        },
      )
  ),
  width: _gameViewAlpah == 0 ? 0 : size.width,
  height: size.height,
);
}
```

需要注意，为了避免手势冲突，在游戏未开始前，需要将容器视图的宽度设置为0，游戏开始后，当玩家手指按下时，开启定时器，通过循环修改棍子的高度实现棍子的生长逻辑，当用户手指抬起时，将定时器取消。

9.2.2 英雄移动与胜负判定

在游戏进行过程中，玩家手指抬起后需要进行如下几步操作：

(1)旋转棍子,搭建天桥。
(2)移动英雄,跨过悬崖。
(3)根据天桥的长度判定英雄是否成功跨越。

在_GameViewState 类中追加定义如下属性:

```
double _angle = 0;
Animation<double> _gameAngleAniamtion;
AnimationController _gameAngleAniamtionController;
double _heroMove = 0;
Animation<double> _heroMoveAniamtion;
AnimationController _heroMoveAniamtionController;
double _firBlockWidth = 100;
double _secBlockWidth = 100;
```

其中,_angle 相关属性用来控制棍子的旋转;_heroMove 相关属性用来控制英雄的移动;_firBlockWidth 和_secBlockWidth 分别表示第 1 个着陆点和第 2 个着陆点的宽度,方便后面通过随机的方式生成宽度不定的着陆点。

对动画相关对象进行初始化,并在 initState 方法中进行调用,代码如下:

```
@override
void initState() {
  super.initState();
  _initAlpahAnimation();
  _initAngleAnimation();
  _initHeroMoveAnimation();
}
void _initAngleAnimation() {
  this._gameAngleAniamtionController =
      AnimationController(duration: Duration(milliseconds: 300), vsync: this);
  this._gameAngleAniamtion =
  Tween(begin: 0.0, end: pi / 2).animate(_gameAngleAniamtionController)
    ..addListener((() {
      setState(() {
        _angle = _gameAngleAniamtion.value;
      });
      if (_gameAngleAniamtion.status == AnimationStatus.completed) {
        _heroMoveAniamtionController.forward();
      }
    }));
}
void _initHeroMoveAnimation() {
  this._heroMoveAniamtionController =
      AnimationController(duration: Duration(milliseconds: 300), vsync: this);
  this._heroMoveAniamtion =
  Tween(begin: 0.0, end: 1.0).animate(_heroMoveAniamtionController)
    ..addListener((() {
      setState(() {
```

```
      _heroMove = _heroMoveAniamtion.value * _stickHeight;
    });
    if (_heroMoveAniamtion.status == AnimationStatus.completed) {
      _checkFail();
    }
  }));
}
```

棍子旋转动画与英雄移动动画需要依次执行，当英雄移动动画执行完成后，需要对游戏的状态进行判定，即英雄是否成功地跨越过了悬崖。_checkFail 方法用来执行这个判定逻辑，实现如下：

```
void _checkFail() {
  if ((_heroMove > _space) && (_heroMove < _space + _secBlockWidth + 10) ) {
    print("成功跨过悬崖");
  } else {
    print("游戏失败");
  }
}
```

完整的_buildGameContainerView 方法实现如下：

```
Widget _buildGameContainerView(Size size) {
  return Positioned(
    child: Opacity(
      opacity: _gameViewAlpah,
      child: GestureDetector(child:Container(
        child: Stack(
          children: <Widget>[
            Positioned(
              child: Container(
                color: Colors.black.withAlpha(200),
              ),
              width: _firBlockWidth,
              height: size.height / 2.4,
              bottom: 0,
            ),
            Positioned(
              child: Container(
                color: Colors.black.withAlpha(200),
              ),
              width: _secBlockWidth ,
              left: _firBlockWidth + _space,
              height: size.height / 2.4,
              bottom: 0,
            ),
            Positioned(
              child: Container(
                color: Colors.white,
              ),
```

```dart
            width: 10,
            left: _firBlockWidth - 10.0 + _heroMove,
            height: 24,
            bottom: size.height / 2.4,
          ),
          Positioned(
            child: Transform.rotate(
              child: Stack(
                children: <Widget>[
                  Positioned(
                    child: Container(
                      color: Colors.black,
                    ),
                    width: 2,
                    height: _stickHeight,
                    left: 0,
                    bottom: 0,
                  )
                ],
              ),
              angle: _angle ,
              alignment: AlignmentDirectional.bottomStart,
            ),
            width: size.width - _firBlockWidth,
            left: _firBlockWidth - 2.0,
            bottom: size.height / 2.4,
            height: size.height - size.height / 2.4,
          )
        ],
      ),
      color: Colors.transparent,
    ),
    onTapDown:(tap){
      if (_angle != 0) {
        return;
      }
      _timer = Timer.periodic(Duration(milliseconds: 10), (timer){
        _timeTime ++;
        _stickHeight = _timeTime.toDouble();
        this.setState((){
        });
      });
    },
    onTapUp:(tap){
      _timer.cancel();
      _gameAngleAniamtionController.forward();
    },
  )
),
width: _gameViewAlpah == 0 ? 0 : size.width,
```

```
      height: size.height,
    );
}
```

运行代码，点击"开始游戏"按钮，尝试控制英雄跨越第一个悬崖，从控制台的打印信息可以看到英雄是否成功跨越了悬崖。

到目前为止，"棍子传奇"游戏的核心逻辑基本上已经实现，但是只能跨越一次，后面我们需要处理游戏的循环机制，只要英雄成功跨越了悬崖，玩家就可以继续玩下去。

9.2.3 游戏的循环机制

在 Flutter 中，页面的渲染都是由属性状态控制的，因此游戏的循环实际上就是不断地重置状态。当英雄跨过一个障碍后，我们需要将着陆点的宽度、悬崖的宽度、棍子的状态以及英雄人物的状态都进行重置。重置的过程其实也是一个动画的过程，在 _GameViewState 类中定义如下几个属性：

```
// 重置动画
double _resetMove = 0;
Animation<double> _resetMoveAniamtion;
AnimationController _resetMoveAniamtionController;

// 背景偏移
double _bgOffset = 0;
```

进行动画属性的初始化，代码如下：

```
void _initResetMoveAnimation() {
  this._resetMoveAniamtionController =
      AnimationController(duration: Duration(milliseconds: 300), vsync: this);
  this._resetMoveAniamtion =
  Tween(begin: 0.0, end: 1.0).animate(_resetMoveAniamtionController)
    ..addListener((() {
      _resetMove = _resetMoveAniamtion.value * (_space + _firBlockWidth);
      setState(() {
      });
      if (_resetMoveAniamtion.status == AnimationStatus.completed) {
        _firBlockWidth = _secBlockWidth;
        _heroMoveAniamtionController.reset();
        _gameAngleAniamtionController.reset();
        _resetMoveAniamtionController.reset();
        _angle = 0;
        _timeTime = 0;
        _secBlockWidth = (Random().nextInt(80) + 20).toDouble();
        Size size = MediaQuery.of(context).size;
        _space = (Random().nextInt(size.width.toInt() -
_firBlockWidth.toInt() - _secBlockWidth.toInt() - 50) + 20).toDouble();
        this.setState((){});
      }
    }));
```

在状态重置的过程中，我们需要联动背景一起移动，修改_buildBG方法如下：

```
Widget _buildBG(size) {
  Image image = Image.asset(
    'src/img/bg.jpeg',
    height: MediaQuery.of(context).size.height,
    fit: BoxFit.fitHeight,
    alignment: Alignment.bottomLeft,
  );
  // 获取背景图片的尺寸
  image.image
    .resolve(ImageConfiguration())
    .addListener((ImageInfo image, bool synchronousCall) {
    double scale = image.image.height / size.height;
    _bgWidth = (image.image.width / scale) - size.height;
    this.setState(() {});
  });
  return Positioned(
    child: image,
    left: - _getBgOffset(),
  );
}
double _getBgOffset() {
  if (_bgOffset > _bgWidth) {
    _bgOffset = 0;
  }
  _bgOffset += _resetMove * 0.1;
  return _bgOffset;
}
```

在游戏胜败的排定方法中，如果英雄顺利地跨越了障碍，就进行场景的重置，代码如下：

```
void _checkFail() {
  if ((_heroMove > _space) && (_heroMove < _space + _secBlockWidth + 10) ) {
    _resetState();
  } else {
    print("游戏失败");
  }
}
```

实现_resetState方法如下：

```
void _resetState() {
  _stickHeight = 0;
  _resetMoveAniamtionController.forward();
}
```

运行代码，试玩一下，如果英雄成功跨越了障碍，就会生成新的悬崖供玩家挑战。

9.2.4 对游戏进行计分

游戏如果没有计分系统，就会使玩家的兴趣大大降低。积分系统可以非常有效地激发玩家的挑战欲。

简单来说，我们可以在每次英雄成功跨越悬崖后增加分数，并在界面上提供一个显示分数的计分板。在_GameViewState中定义如下分数属性：

```
int _score = 0;
```

在_buildGameContainerView方法的Stack组件中追加如下子组件：

```
Positioned(
    child: Center(
        child: Text("当前分数$_score", style: TextStyle(fontFamily: "Custom",fontSize: 30,color: Colors.white,decoration: TextDecoration.none),),
        ),
    top: 30,
    width: size.width,
    height: 50,
)
```

修改_checkFail方法对分数进行控制：

```
void _checkFail() {
    if ((_heroMove > _space) && (_heroMove < _space + _secBlockWidth + 10) ) {
        _score ++;
        _resetState();
    } else {
        print("游戏失败");
    }
}
```

运行代码，计分板效果如图9-3所示。

图9-3 对游戏进行计分

9.2.5 游戏的重开

前面我们已经将"棍子传奇"游戏的核心逻辑开发完成，但是并不完整，当前此游戏仍然是一次性的，当游戏失败后，我们需要将游戏的整体状态进行重置，包括场景与得分，为玩家提供再次开始游戏的方法。

在_GameViewState类中追加定义如下属性：

```
String _title = "棍子传奇";
String _btnTitle = "开始游戏";
```

定义上面的两个字符串属性是为了对游戏开始界面的标题和按钮文本进行修改，在_checkFail方法中对游戏失败的场景进行处理，代码如下：

```
void _checkFail() {
  if ((_heroMove > _space) && (_heroMove < _space + _secBlockWidth + 10) ) {
    _score ++;
    _resetState();
  } else {
    _title = "大侠遗憾~";
    _btnTitle = "再次挑战";
    _gameAlphaAnimationController.reverse();
  }
}
```

_gameAlphaAnimationController 是游戏初始场景与游戏进行中场景的切换动画控制器，调用 reverse 方法会将动画进行逆向播放，正符合我们需要重开游戏的场景。需要注意，在动画的完成回调中，需要对分数和游戏进行中场景进行重置，代码如下：

```
void _initAlpahAnimation() {
  this._gameAlphaAniamtionController =
    AnimationController(duration: Duration(milliseconds: 300), vsync: this);
  this._gameAlphaAniamtion =
  Tween(begin: 0.0, end: 1.0).animate(_gameAlphaAniamtionController)
    ..addListener((() {
      setState(() {
        _gameViewAlpah = _gameAlphaAniamtion.value;
      });
      if (_gameAlphaAniamtion.status == AnimationStatus.dismissed) {
        _resetState();
        _score = 0;
      }
    }));
}
```

如此，就为游戏添加了重开的功能，重开场景如图 9-4 所示。

图 9-4　游戏重开场景

9.3 对游戏体验进行优化

通过前面两节的介绍,已经完成了完整的游戏,然而还有很多体验细节值得我们优化,对于游戏软件,添加有趣的音效是非常重要的,音效可以带给玩家更加畅快的游戏体验。

9.3.1 为游戏添加音效

在 src 文件夹中新建一个名为 audio 的文件夹,将需要用到的素材文件放入其中,这里我们提供两个音频素材,用来模拟棍子生长和天桥搭建完成时的音效。

在游戏中播放音效需要使用到 audioplayers 插件,此插件播放本地音频需要将音频文件放在特定的目录下。首先在工程的根目录下新建一个名为 assets 的文件夹,在其下新建一个名为 audio 的文件夹,将音频文件放入其中,在 pubspec.yaml 文件中添加音频资源的引用,代码如下:

```
assets:
  - src/img/bg.jpeg
  - assets/audio/loop.wav
  - assets/audio/tap.wav
```

在 Flutter 中播放音频需要借助于第一个音频播放的插件,添加如下依赖插件:

```
dependencies:
  flutter:
    sdk: flutter
  audioplayers: ^0.13.0
```

编辑完 pubspec.yaml 文件后,不要忘记执行 flutter packages get 命令来获取插件。

完成上面的工作后,为游戏添加音效将非常容易,首先在 game_view.dart 文件中导入如下模块:

```
import 'package:audioplayers/audio_cache.dart';
```

然后添加两个音频播放对象,代码如下:

```
AudioCache _loopPlayer;
AudioCache _tapPlayer;
```

在 initSatate 方法中对其进行初始化操作:

```
void _initPlayer() {
  _loopPlayer = AudioCache(prefix: "audio/");
  _tapPlayer = AudioCache(prefix: "audio/");
}
```

在棍子生长的定时器方法中进行循环音效的播放:

```
_timer = Timer.periodic(Duration(milliseconds: 10), (timer){
  if ( _timeTime % 10 == 0 ) {
```

```
        _loopPlayer.play("loop.wav");
    }
    _timeTime ++;
    _stickHeight = _timeTime.toDouble();
     this.setState((){
        });
    });
```

在旋转动画播放完成的回调中进行架桥音效的播放:

```
if (_gameAngleAniamtion.status == AnimationStatus.completed) {
      _tapPlayer.play("tap.wav");
      _heroMoveAniamtionController.forward();
}
```

运行代码,可以体验到添加音效的游戏。

9.3.2 修改应用图标

你可能已经发现了,任何新建的 Flutter 项目都会配置一个默认的 Flutter 官方图标,如图 9-5 所示。

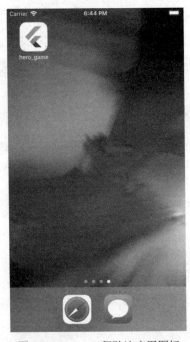

图 9-5 Flutter 工程默认应用图标

对于不同的应用,我们通常需要对图标进行定制化设计。

对于 iOS 工程,只需要替换 ios→Runner→Assets.xcassets→AppIcon.appiconset 下的图标文件即可,如图 9-6 所示。

第 9 章 用 Flutter 开发 "棍子传奇" 小游戏

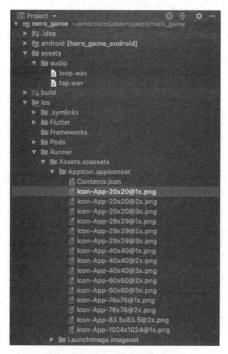

图 9-6　替换 iOS 应用图标

需要注意，在替换图标时，要提供正确尺寸的图标文件，并保持命名一致。

对于 Android 工程，只需要替换 android→app→main→res 文件夹下对应的 mipmap 图标文件即可，如图 9-7 所示。

图 9-7　替换 Android 应用图标

9.3.3 更多可优化的方向

现在，你可以发挥自己的创造力，为"棍子传奇"游戏添加更多的优化功能。例如，可以提供得分排行榜的功能，只需要结合 Flutter 的数据持久化技术就可以很容易做到；也可以为游戏添加难度系统，通过调节棍子的增长速度和着陆点的宽度来调整难度系数。总之，你可以添加更多喜欢的功能到游戏中，并将它分享给你的伙伴一起挑战。

第 10 章

将 Flutter 用于 iOS、Android 项目和 Web 应用程序

本章将介绍在实际工程开发中更多高级且实用的 Flutter 开发技术,其中包括如何在已有的 iOS 或 Android 项目中引入 Flutter 模块的混合开发技术,以及如何将 Flutter 代码应用于 Web 应用。相较于纯 Flutter 的工程技术,这些技术在实际应用中将更加实用。

10.1 将 Flutter 模块植入已有的 iOS 工程中

在移动端开发领域中,Flutter 框架虽然有着非常多的优势,但并非完美无缺。一些特殊业务逻辑的应用使用 Flutter 开发有时并不合适。更多时候,当前的成型项目可能已经非常庞大与复杂,将其一次性地全部转为 Flutter 项目会非常困难且风险极高。这时,我们就可以选择混合开发的方式,将业务中适合 Flutter 的模块使用 Flutter 进行开发,整体框架和不适合 Flutter 的部分依然采用原生技术来开发。这样可以结合原生技术与 Flutter 两方面的优势。

10.1.1 将 Flutter 模块集成进 iOS 原生项目

我们可以创建一个基础的 iOS 原生工程来作为测试工程。首先,使用 Xcode 开发工具新建一个项目工程,在工程模板选择页面选择 Single View App 模板,如图 10-1 所示。

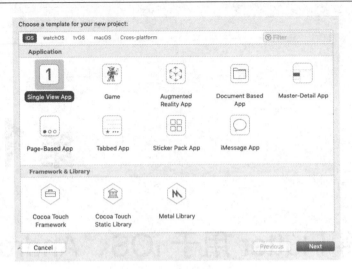

图 10-1　选择工程模板

在 ViewController.m 文件中编写如下原生代码：

```objectivec
#import "ViewController.h"
@interface ViewController ()
@property (nonatomic, strong) UILabel *titleLabel;
@property (nonatomic, strong) UIButton *button;
@end
@implementation ViewController
- (void)viewDidLoad {
    [super viewDidLoad];
    CGSize screenSize = [UIScreen mainScreen].bounds.size;
    self.titleLabel = [[UILabel alloc] initWithFrame:CGRectMake(screenSize.width / 2 - 100, 50, 200, 50)];
    self.titleLabel.text = @"原生模块";
    self.titleLabel.textAlignment = NSTextAlignmentCenter;
    [self.view addSubview:self.titleLabel];
    self.button = [UIButton buttonWithType:UIButtonTypeSystem];
    [self.button setTitle:@"跳转 Flutter" forState:UIControlStateNormal];
    self.button.frame = CGRectMake(screenSize.width / 2 - 100, 100, 200, 50);
    [self.button addTarget:self action:@selector(toFlutter) forControlEvents:UIControlEventTouchUpInside];
    [self.view addSubview:self.button];
}
- (void)toFlutter {

}
@end
```

上面使用 Objective-C 语言编写了简单的 iOS 界面，UILabel 和 UIButton 都是 iOS 界面开发框架 UIKit 中的基础组件，运行上述代码，效果如图 10-2 所示。

第 10 章 将 Flutter 用于 iOS、Android 项目和 Web 应用程序 | 267

图 10-2　原生 iOS 界面

下面将介绍点击图 10-2 中的"跳转 Flutter"按钮后如何跳转到 Flutter 模块的页面。

首先，在 iOS 工程目录的同级目录下新建一个 Flutter 模块，使用如下命令：

```
flutter create -t module module_flutter
```

在 iOS 中引入 Flutter 模块需要使用 CocoaPods 依赖管理工具，CocoaPods 是 iOS 开发者的必备工具，用来统一管理第三方的依赖包。如果你还没有安装 CocoaPods，就可以使用如下命令进行安装：

```
sudo gem install -n /usr/local/bin cocoapods
```

安装 CocoaPods 工具后，在 iOS 工程的根目录下运行如下指令来初始化 CocoaPods 工程：

```
pod init
```

初始化完成后，在此目录下会生成一个名为 Podfile 的文件，编辑此文件如下：

```
target 'Test' do
  use_frameworks!
  flutter_application_path = '../module_flutter/'
  eval(File.read(File.join(flutter_application_path, '.ios', 'Flutter', 'podhelper.rb')), binding)
end
```

之后执行 pod install 命令进行 Flutter 模块的安装，如果输出如下信息，就表明安装 Flutter 模块成功：

```
Pod installation complete! There are 2 dependencies from the Podfile and 2 total pods installed.
```

完成 Flutter 模块的安装后，需要关闭 iOS 原生工程的 Bitcode 功能，在 iOS 工程的 Build Settings 选项中搜索 bitcode，将 Bitcode 功能设置为 No，如图 10-3 所示。

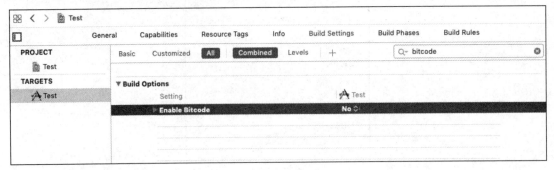

图 10-3　关闭 Bitcode 功能

在 iOS 原生工程的 Build Phases 选项中，单击左上角的加号按钮，添加一个脚本命令，如图 10-4 所示。

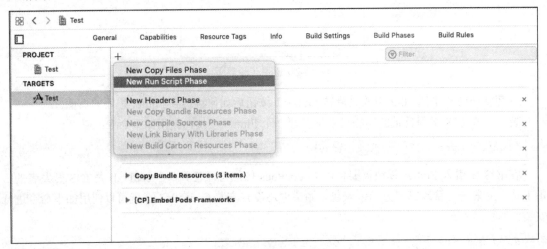

图 10-4　添加运行脚本

在其中添加如下脚本命令：

```
"$FLUTTER_ROOT/packages/flutter_tools/bin/xcode_backend.sh" build
"$FLUTTER_ROOT/packages/flutter_tools/bin/xcode_backend.sh" embed
```

运行 iOS 原生工程，如果没有产生任何异常，那么 Flutter 模块已经成功集成进了 iOS 原生工程，后面我们将介绍 iOS 原生工程如何与 Flutter 模块进行交互。

10.1.2　在 iOS 原生工程中打开 Flutter 页面

实现 ViewController 类中的 toFlutter 方法如下：

```
- (void)toFlutter {
    FlutterViewController *controller = [[FlutterViewController alloc] init];
    [controller setInitialRoute:@"route1"];
```

```
        [self presentViewController:controller animated:YES completion:nil];
}
```

FlutterViewController 是 Flutter 模块的视图控制器，调用 setInitialRoute 方法设置要跳转到 Flutter 模块的初始路由，在 Flutter 工程中可以根据不同的路由选择渲染不同的页面。

运行 iOS 工程，单击按钮后会跳转到 Flutter 工程的初始页面，如图 10-5 所示。

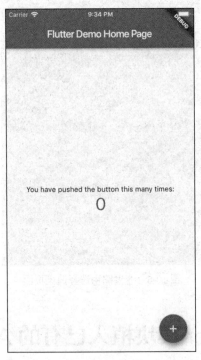

图 10-5　从原生页面跳转到 Flutter 页面

对于 Flutter 模块中路由的选择，可以通过 window 对象的 defaultRouteName 属性获取原生端设置的路由，示例代码如下：

```
void main() => runApp(_widgetForRoute(window.defaultRouteName));
Widget _widgetForRoute(String route) {
  switch (route) {
    case 'route1':
      return Center(child:Text("自定义的视图", textDirection:
TextDirection.ltr));
    default:
      return MyApp();
  }
}
```

如上面的代码所示，当设置路由为 "route1" 时，Flutter 模块将渲染一行自定义的文本，效果如图 10-6 所示。

图 10-6　通过路由选择渲染页面

10.2　将 Flutter 模块植入已有的 Android 工程中

与 10.1 节介绍的内容类似，将 Flutter 模块植入已有的 Android 工程中也非常容易。我们可以继续使用 10.1 节创建的 Flutter 模块进行演示。

10.2.1　集成 Flutter 模块到 Android 原生项目

首先使用 Android Studio 开发工具创建一个原生 Android 工程，在 Android Studio 初始页面选择 Start a new Android Studio project 即可，如图 10-7 所示。

第 10 章 将 Flutter 用于 iOS、Android 项目和 Web 应用程序 | 271

图 10-7 新建 Android 原生工程

在模板选择页面选择一个空的 Activity 模板工程，如图 10-8 所示。

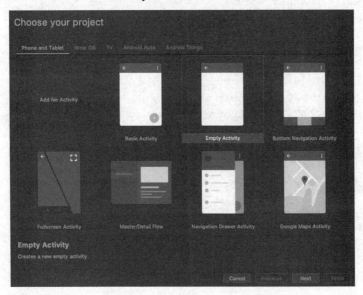

图 10-8 选择 Empty Activity 模板

修改默认创建的 MainActivity 类中的代码如下：

```
package com.example.androidtest;
import androidx.appcompat.app.AppCompatActivity
import android.graphics.Color;
import android.os.Bundle;
import android.util.Log;
```

```java
    import android.view.View;
    import android.widget.Button;
    import android.widget.LinearLayout;
    import android.widget.TextView;
    public class MainActivity extends AppCompatActivity {
        @Override
        protected void onCreate(Bundle savedInstanceState) {
            super.onCreate(savedInstanceState);

            // 创建布局容器
            LinearLayout linearLayout = new LinearLayout(this);
            linearLayout.setLayoutParams(new
LinearLayout.LayoutParams(LinearLayout.LayoutParams.FILL_PARENT,
LinearLayout.LayoutParams.FILL_PARENT));
            linearLayout.setOrientation(LinearLayout.VERTICAL);
            // 创建标题
            TextView textView = new TextView(this);
            textView.setText("原生页面");
            textView.setTextColor(Color.BLACK);
            textView.setTextSize(20);
            LinearLayout.LayoutParams params = new
LinearLayout.LayoutParams(LinearLayout.LayoutParams.WRAP_CONTENT,
LinearLayout.LayoutParams.WRAP_CONTENT);
            params.topMargin = 100;
            params.leftMargin = 200;
            textView.setLayoutParams(params);
            linearLayout.addView(textView);
            // 创建按钮
            Button button = new Button(this);
            button.setText("跳转Flutter");
            button.setOnClickListener(new View.OnClickListener() {
                @Override
                public void onClick(View view) {
                    Log.i("tag", "onClick: to Flutter");
                }
            });
            button.setLayoutParams(params);
            linearLayout.addView(button);
            setContentView(linearLayout);
        }
    }
```

上面的代码创建了一个文本标签和一个功能按钮，运行工程，原生页面如图10-9所示。

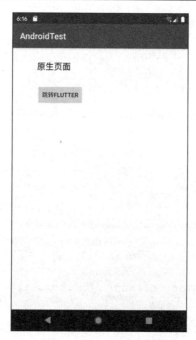

图 10-9　Android 原生页面

下面我们将实现通过单击原生功能按钮跳转到 Flutter 模块的页面。

在工程中 app 文件夹下的 build.gradle 文件中添加如下配置选项：

```
compileOptions {
        sourceCompatibility 1.8
        targetCompatibility 1.8
}
```

需要注意，上面的配置选项需要添加在 Android 配置块内，如图 10-10 所示。

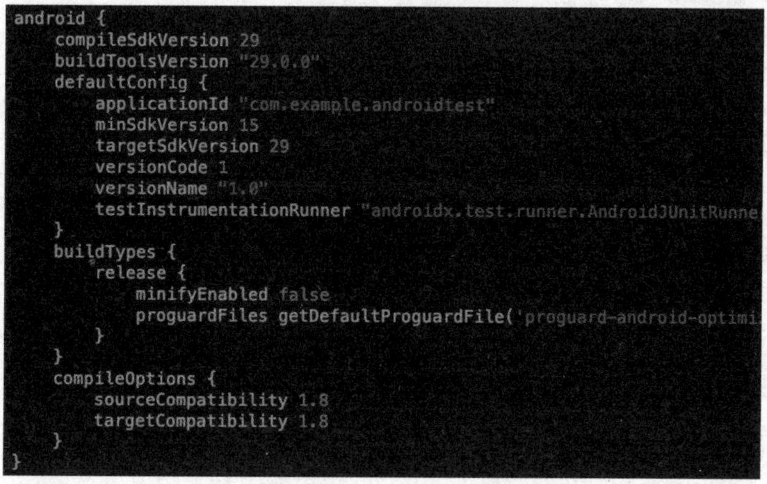

```
android {
    compileSdkVersion 29
    buildToolsVersion "29.0.0"
    defaultConfig {
        applicationId "com.example.androidtest"
        minSdkVersion 15
        targetSdkVersion 29
        versionCode 1
        versionName "1.0"
        testInstrumentationRunner "androidx.test.runner.AndroidJUnitRunne
    }
    buildTypes {
        release {
            minifyEnabled false
            proguardFiles getDefaultProguardFile('proguard-android-optimi
        }
    }
    compileOptions {
        sourceCompatibility 1.8
        targetCompatibility 1.8
    }
}
```

图 10-10　进行编译选项配置

在 settings.gradle 文件中添加如下内容来引入 Flutter 模块：

```
setBinding(new Binding([gradle:.this]))
evaluate(new File(
        settingsDir.parentFile,
        'module_flutter/.android/include_flutter.groovy'
))
```

在工程中 app 文件夹下的 build.gradle 文件的依赖配置中添加 Flutter 工程模块的配置，代码如下：

```
dependencies {
    implementation project(':flutter')

    implementation fileTree(dir: 'libs', include: ['*.jar'])
    implementation 'androidx.appcompat:appcompat:1.0.2'
    implementation 'androidx.constraintlayout:constraintlayout:1.1.3'
    testImplementation 'junit:junit:4.12'
    androidTestImplementation 'androidx.test:runner:1.1.1'
    androidTestImplementation 'androidx.test.espresso:espresso-core:3.1.1'
}
```

之后使用 gradle 进行同步即可。

10.2.2　在 Android 原生页面中打开 Flutter 页面

在 Android 工程中，每一个 Flutter 模块的页面都可以当作一个视图单独使用，依然以前面编写的 Flutter 工程为例，在 Android 原生工程的 MainActivity 类的 onCreate 方法中编写如下代码：

```
@Override
protected void onCreate(Bundle savedInstanceState) {
    super.onCreate(savedInstanceState);
    // 创建布局容器
    LinearLayout linearLayout = new LinearLayout(this);
    linearLayout.setLayoutParams(new
LinearLayout.LayoutParams(LinearLayout.LayoutParams.FILL_PARENT,
LinearLayout.LayoutParams.FILL_PARENT));
    linearLayout.setOrientation(LinearLayout.VERTICAL);

    // 创建标题
    TextView textView = new TextView(this);
    textView.setText("原生页面");
    textView.setTextColor(Color.BLACK);
    textView.setTextSize(20);
    LinearLayout.LayoutParams params = new
LinearLayout.LayoutParams(LinearLayout.LayoutParams.WRAP_CONTENT,
LinearLayout.LayoutParams.WRAP_CONTENT);
    params.topMargin = 100;
    params.leftMargin = 200;
    textView.setLayoutParams(params);
    linearLayout.addView(textView);
    // 创建按钮
```

```
            Button button = new Button(this);
            button.setText("跳转Flutter");
            button.setOnClickListener(new View.OnClickListener() {
                @Override
                public void onClick(View view) {
                    View flutterView = Flutter.createView(MainActivity.this,
getLifecycle(), "route1");
                    FrameLayout.LayoutParams layout = new
FrameLayout.LayoutParams(FrameLayout.LayoutParams.FILL_PARENT,
FrameLayout.LayoutParams.FILL_PARENT);
                    addContentView(flutterView, layout);
                }
            });
            button.setLayoutParams(params);
            linearLayout.addView(button);
            setContentView(linearLayout);
        }
```

如上面的代码所示，其中 Flutter.createView 方法会创建一个 Flutter 模块的页面视图，通过路由参数选择要渲染的 Flutter 页面。运行上面的代码，单击功能按钮，效果如图 10-11 所示。

图 10-11　在 Android 原生页面中加载 Flutter 模块页面

10.3　使用 Flutter 开发 Web 应用程序

众所周知，Web 应用程序及运行在浏览器中的网页程序通常使用 HTML、CSS 和 JavaScript

技术进行开发。使用 Flutter 开发 Web 应用程序实际上是通过编译工具将 Flutter 代码解释为对应的 JavaScript 代码。

10.3.1 运行第一个 Flutter Web 应用程序

首先，使用如下 Git 命令将示例工程克隆到本地：

```
git clone https://github.com/flutter/flutter_web.git
```

上面是官方 Flutter 开发 Web 应用程序的框架代码，其中提供了几个简单的示例 Web 程序，克隆完成后，执行如下指令来安装 Web 开发包：

```
flutter pub global activate webdev
```

安装完成后，使用 Android Studio 或其他开发工具打开 flutter_web 项目下的 examples 文件夹下的 hello_world 工程，这是一个 Web 应用程序的示例工程。打开后，你可能会发现项目有很多错误，那是因为还没有安装 Web 开发依赖包，在 hello_world 目录下执行如下指令进行依赖包的更新：

```
flutter pub upgrade
```

之后，我们就可以在本地运行这个 Web 应用程序了。

在 hello_world 工程下运行如下指令来开启 Web 服务：

```
webdev serve
```

需要注意，如果报出找不到 webdev 相关命令的问题，就需要将 webdev 的安装路径与 dart-sdk 的安装路径添加到环境变量中。如果运行成功，就会在本地的 8080 端口开启一个 Web 服务，在浏览器中输入如下地址即可进行访问：

```
http://localhost:8080/#/
```

示例工程的页面效果如图 10-12 所示。

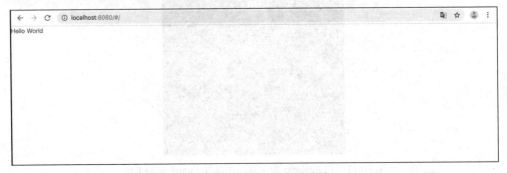

图 10-12　示例 Web 应用页面

使用 Flutter 开发 Web 应用程序与开发移动端应用程序一样，开发方式和我们前面所学的内容完全一致，例如将示例项目中 lib 文件夹下的 main.dart 修改如下：

```
import 'package:flutter_web/material.dart';
void main() {
  runApp(new MaterialApp(
```

```
      home: _buildContent(),
   ));
 }
 Widget _buildContent() {
   return Scaffold(
     appBar: AppBar(
       title: Text("Web 应用程序"),
     ),
     body: Container(
       child: ListView.builder(itemBuilder: (BuildContext context, int index){
         return Container(
           child: Center(child: Text("列表项$index", style: TextStyle(color:
Colors.white, fontSize: 28),),),
           color: Colors.blueGrey,
           margin: EdgeInsets.only(bottom: 2),
           height: 50,
         );
       },itemCount: 10,),
     ),
   );
 }
```

刷新网页，效果如图 10-13 所示。

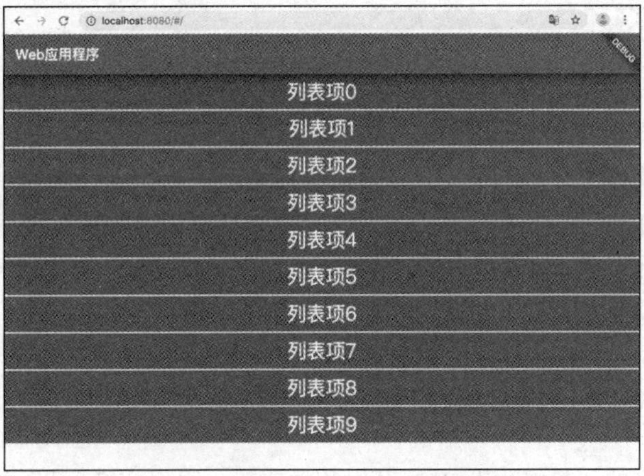

图 10-13　Flutter Web 应用程序

10.3.2　将 Flutter 移动端工程修改为 Web 应用程序

将移动端的 Flutter 工程修改为 Web 应用非常容易，首先新建一个 Flutter 工程，命名为 flutter_web_demo。修改 pubspec.yaml 如下：

```
name: flutter_web_demo
description: A new Flutter project.

# The following defines the version and build number for your application.
# A version number is three numbers separated by dots, like 1.2.43
```

```
    # followed by an optional build number separated by a +.
    # Both the version and the builder number may be overridden in flutter
    # build by specifying --build-name and --build-number, respectively.
    # In Android, build-name is used as versionName while build-number used as
versionCode.
    # Read more about Android versioning at
https://developer.android.com/studio/publish/versioning
    # In iOS, build-name is used as CFBundleShortVersionString while build-number
used as CFBundleVersion.
    # Read more about iOS versioning at
    #
https://developer.apple.com/library/archive/documentation/General/Reference/In
foPlistKeyReference/Articles/CoreFoundationKeys.html
    version: 1.0.0+1
    environment:
      sdk: ">=2.1.0 <3.0.0"
    dependencies:
      flutter_web: any
    dev_dependencies:
      flutter_web_test: any
      build_runner: ^1.2.2
      build_web_compilers: ^1.1.0
      test: ^1.3.4
    dependency_overrides:
      flutter_web:
        git:
          url: https://github.com/flutter/flutter_web
          path: packages/flutter_web
      flutter_web_ui:
        git:
          url: https://github.com/flutter/flutter_web
          path: packages/flutter_web_ui
      flutter_web_test:
        git:
          url: https://github.com/flutter/flutter_web
          path: packages/flutter_web_test
```

上面将需要使用到的依赖修改为 Web 开发相关依赖，同理，修改 lib 文件夹下 main.dart 中的模块引入如下：

```
    import 'package:flutter_web/material.dart';
```

在 Flutter 中，Web 开发所使用的界面组件与移动端开发所使用的一样，因此 mian.dart 中的页面代码可以完全不用修改。

在工程的根目录下新建一个名为 web 的文件夹，在其中新建两个文件，分别命名为 index.html 和 main.dart。在 index.html 中编写如下代码：

```
    <!DOCTYPE html>
    <html lang="en">
    <head>
```

```
    <meta charset="UTF-8">
    <title></title>
    <script defer src="main.dart.js" type="application/javascript"></script>
</head>
<body>
</body>
</html>
```

在 web 目录下的 main.dart 中编写如下代码：

```
import 'package:flutter_web_ui/ui.dart' as ui;
main() async {
  await ui.webOnlyInitializePlatform();
  app.main();
}
```

至此，我们就将一个 Flutter 移动端项目修改为 Web 项目了，使用 flutter packages get 来获取依赖，之后运行如下命令来开启 Web 服务：

```
flutter packages pub global run webdev serve
```

在浏览器中输入 http://127.0.0.1:8080，可以看到已经将示例的 Flutter 模板工程迁移为 Web 应用程序，如图 10-14 所示。

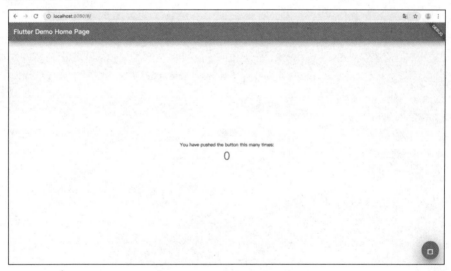

图 10-14　Flutter Web 应用程序